T0236635

Klaus Weltner (Herausgeber)

Mathematik für Physiker

Basiswissen für das Grundstudium

Leitprogramm Band 3
zu Lehrbuch Band 2

verfaßt von
Klaus Weltner, Hartmut Wiesner,
Paul-Bernd Heinrich, Peter Engelhardt, Helmut Schmidt

Illustrationen von Martin Weltner

Graphische Gestaltung von Aenne Sauer, Martin Gresser

5., vollständig neu bearbeitete Auflage

vieweg

Dr. *Klaus Weltner* ist Professor für Didaktik der Physik, Universität Frankfurt, Institut für Didaktik der Physik.

Dr. Dr. *Hartmut Wiesner* ist Professor für Didaktik der Physik, Universität München, Lehrstuhl für Didaktik der Physik.

Dr. *Paul-Bernd Heinrich* ist Professor für Mathematik an der Fachhochschule Mönchengladbach.

OStR. Dipl.-Phys. *Peter Engelhardt* war wissenschaftlicher Mitarbeiter am Institut für Didaktik der Physik, Universität Frankfurt.

Dr. *Helmut Schmidt* ist Professor für Didaktik der Physik an der Universität Köln.

1. Auflage 1976
2., verbesserte Auflage 1983
3., verbesserte und erweiterte Auflage 1988
4., verbesserte Auflage 1989
5., vollständig neu bearbeitete Auflage 1995

Alle Rechte vorbehalten
© Friedr. Vieweg & Sohn Verlagsgesellschaft mbH, Braunschweig/Wiesbaden, 1995

Der Verlag Vieweg ist ein Unternehmen der Bertelsmann Fachinformation GmbH.

Das Werk und seine Teile sind urheberrechtlich geschützt. Jede Verwertung außerhalb der engen Grenzen des Urheberrechtsgesetzes ist ohne Zustimmung des Verlags unzulässig und strafbar. Das gilt insbesondere für Vervielfältigungen, Übersetzungen, Mikroverfilmungen und die Einspeicherung und Verarbeitung in elektronischen Systemen.

Umschlaggestaltung: Peter Lenz, Wiesbaden

Gedruckt auf säurefreiem Papier

ISBN-13:978-3-528-43055-9   e-ISBN-13:978-3-322-83234-4
DOI: 10.1007/978-3-322-83234-4

Inhaltsverzeichnis

* Um die Kapitel 17, 19, 20 und 21 zu finden, muß man das Buch umdrehen.
  Die Seiten ab 101 stehen auf dem Kopf und sind erst nach dem Umdrehen zugänglich.

INHALTSVERZEICHNIS DES 1. BANDES

INHALTSVERZEICHNIS DES 2. BANDES

Aus der Vorbemerkung zur 1. Auflage

Das vorliegende Buch enthält die Leitprogramme für die ersten fünf Kapitel des Lehrbuches „Mathematik für Physiker – Basiswissen für das Grundstudium". Die Leitprogramme können nur im Zusammenhang mit dem Lehrbuch benutzt werden. Die Leitprogramme sind eine ausführliche Studienanleitung. Das Konzept, der Aufbau und die Ziele dieser Studienanleitung sind in der Einleitung des Lehrbuches ausführlich beschrieben. Es wäre Papierverschwendung, diese Gedanken hier zu wiederholen. Sie können auf Seite 3 im Lehrbuch nachgelesen werden.

Nun eine kurze Bemerkung zum Gebrauch dieses Buches:

Die Anordnung des Buches unterscheidet sich von der Anordnung üblicher Bücher. Es ist ein *„verzweigendes Buch"*. Das bedeutet, beim Durcharbeiten wird nicht jeder Leser jede Seite lesen müssen. Je nach Lernfortschritt und Lernschwierigkeiten werden individuelle Arbeitsanweisungen und Hilfen gegeben.

Innerhalb des Leitprogramms sind die einzelnen Lehrschritte fortlaufend in jedem Kapitel neu durchnumeriert. Die Nummern der Lehrschritte stehen auf dem rechten Rand. Mehr braucht hier nicht gesagt zu werden, alle übrigen Einzelheiten ergeben sich bei der Bearbeitung und werden jeweils innerhalb des Leitprogramms selbst erklärt.

Vorbemerkung zur 6. Auflage

Die Methodik, das selbständige Studieren durch Leitprogramme der vorliegenden Art zu unterstützen, hat sich seit nunmehr fast zwanzig Jahren in der Praxis bewährt.

Vielen Studienanfängern der Physik, aber auch der Ingenieurwissenschaften und der anderen Naturwissenschaften, haben die Leitprogramme inzwischen geholfen, die Anfangsschwierigkeiten in der Mathematik zu überwinden und geeignete Studiertechniken zu erwerben und weiterzuentwickeln. So haben die Leitprogramme dazu beigetragen, Studienanfänger etwas unabhängiger von Personen und Institutionen zu machen. Diese Leitprogramme haben sich als ein praktischer und wirksamer Beitrag zur Verbesserung der Lehre erwiesen. Niemand kann dem Studierenden das Lernen abnehmen, aber durch die Entwicklung von Studienunterstützungen kann ihm seine Arbeit erleichtert werden. Insofern sehe ich in der Entwicklung von Studienunterstützungen einen wirksamen und entscheidenden Beitrag zur Studienreform.

Dieser Beitrag allerdings müßte in den einzelnen Disziplinen und Fächern geleistet und von Bildungspolitikern wahrgenommen und gefördert werden. Zwar ist es zu begüßen, daß inzwischen Verbesserungen in der Lehre allgemein gefordert und gelegentlich auch gefördert werden. Leider bleibt dabei ein Aspekt im Hintergrund, nämlich die Verbesserung der Lerngrundlagen. Das ist die Versorgung der Studierenden mit Büchern, Zeitschriften und auch Studienhilfen. Wirksame Verbesserungen der Studienbedingungen sind hier schnell und relativ kostengünstig möglich, wenn sie denn auch wirklich gewollt werden.

Die Leitprogramme sind völlig neu bearbeitet und auch in der äußeren Form neu gestaltet worden. Die Reihenfolge der Kapitel ist geändert. Die Vektorrechnung steht jetzt am Anfang und ist vollständig in den ersten Band übernommen worden. Die Fehlerrechnung wird jetzt früher, nämlich im zweiten Band behandelt. Neu hinzugekommen ist in diesem Band das Kapitel „Eigenwerte". Stärker als in den früheren Auflagen kann der Leser jetzt entscheiden, wieviele Hilfen er bei den Aufgabenlösungen in Anspruch nimmt. Damit entscheiden die Studierenden selbst über den individuellen Schwierigkeitsgrad ihres Lernweges. Gerade die Möglichkeit, je nach der augenblicklichen Lernsituation die angebotenen Hilfen zu nutzen oder komplexere Aufgaben selbständig zu bearbeiten, dürfte nicht unerheblich zur Akzeptanz der Leitprogramme beigetragen haben.

Dem Vieweg Verlag danke ich für die Möglichkeit zu dieser Neubearbeitung und Herrn Schwarz, dem verantwortlichen Lektor, bin ich für mannigfache Hilfe und Unterstützung verbunden. Ebenso danke ich vielen Lesern, die in der Vergangenheit halfen, mit Hinweisen auf Druckfehler und mit Verbesserungsvorschlägen die Leitprogramme klarer und instruktiver zu gestalten. Auch in Zukunft sind solche Vorschläge und Hilfen sehr erwünscht, weil sie beiden helfen, den Autoren und vor allem den späteren Lesern.

Frankfurt/Main, Juni 1995   Klaus Weltner

0

Kapitel 13

Funktionen mehrerer Variablen
Skalare Felder und Vektoren

1

Einleitung

Der Begriff der Funktion mehrerer Variablen

Der Funktionsbegriff wird für den Fall erweitert, daß mehr als zwei Variable voneinander abhängen. Das ist in der Praxis sehr oft der Fall.

Eine spezifische Arbeitstechnik beim Studium mathematischer und physikalischer Ableitungen ist, eine ähnliche Aufgabe wie die im Text Schritt für Schritt parallel zum Text zu bearbeiten. Führen Sie alle Überlegungen während der Arbeit mit dem Lehrbuch auch für die folgende Funktion durch

$$z = f(x, y) = e^{-(x^2 + y^2)}$$

STUDIEREN SIE im Lehrbuch   13.1 Einleitung
                                    13.2 Der Begriff der Funktion mehrerer Variablen
                                          Lehrbuch Seite 7 - 14

BEARBEITEN SIE DANACH Lehrschritt   ------------------------------ ▷   2

25

Leider Irrtum. Gehen wir Schritt für Schritt vor, um die Fläche zu gewinnen:

1. Schritt:	2.Schritt:	3. Schritt:
Schnitt mit der x-z-Ebene	Schnitt mit der Ebene	Schnitt mit der y-z-Ebene
Bedingung $y = 0$	parallel zur x-z-Ebene	Bedingung $x = 0$
$z = f(x, y = 0) = 3$	Im Abstand y_0	$z = f(0, y) = 3$
	$z = f(x, y_0) = 3$	

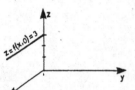 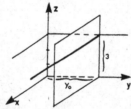

------------------------------ ▷   26

49

$$\vec{A}(1, 0, 0) = \frac{(0, 1, 0)}{\sqrt{1}} = (0, 1, 0)$$

$$\vec{A}(1, 1, 0) = \frac{(1, 1, 0)}{\sqrt{1+1}} = \frac{1}{\sqrt{2}}(1, 1, 0)$$

$$\vec{A}(0, 1, 0) = \frac{(1, 0, 0)}{\sqrt{1}} = (1, 0, 0)$$

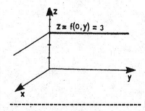

Zeichnen Sie die Vektoren ein.

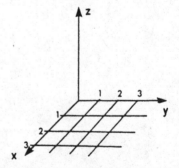

------------------------------ ▷   50

2

Haben Sie die Rechnung im Text parallel durchgeführt für die Funktion

$$z = f(x,y) = e^{-(x^2+y^2)} \text{ ?}$$

Ja ------------------------------ ▷ 4

Nein ------------------------------ ▷ 3

26

4. Schritt: Schnitt mit einer Ebene
parallel zur y-z-Ebene im Abstand x_0

$$z = f(x_0,y) = 3$$

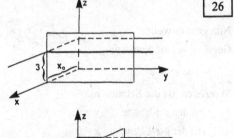

5. Schritt: Wir bringen die Schnittkurven
in eine Skizze zusammen und nehmen
weitere Schnittkurven hinzu.
Das ergibt die Skizze im Lehrschritt 24.

------------------------------ ▷ 27

50

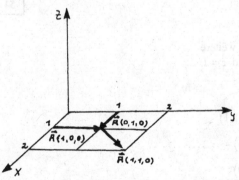

Berechnen Sie den Betrag dieser drei Vektoren. Sie werden sehen, daß sie den Betrag 1 haben.

------------------------------ ▷ 51

3

Eigentlich sehr schade.

Die Technik, eine Aufgabe parallel zum Text zu rechnen, ist nur scheinbar unbequem. Natürlich dauert es dann länger. Aber Sie gewinnen ein sichereres Verständnis. Das spart Zeit in der Zukunft.

Ob es Ihnen nicht vielleicht doch möglich ist, die folgende Fläche parallel zum Lehrbuch, Abschnitt 13.2, zu skizzieren?

$$z = e^{-(x^2 + y^2)}$$

------------------------------- ▷   4

27

Nun geht es weiter:

Gegeben sei die Funktion

$$z = x^2 + y^2$$

Skizzieren Sie die Schnitte mit

    a) der x-z-Ebene $y = 0$

    b) der y-z-Ebene $x = 0$

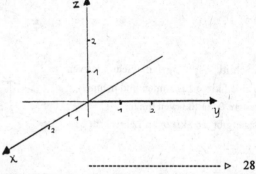

------------------------------- ▷   28

51

Nun geht es weiter mit dem 3. Schritt:

Wir berechnen die Vektoren $\vec{A}$ für eine weitere Ebene, z.B. für die Ebene, die im Abstand $z = 1$ von der x-y-Ebene liegt.

Wir wählen die Punkte

$$P_4 = (1, 0, 1), \quad P_5 = (1, 1, 1) \quad P_6 = (0, 1, 1)$$

Geben Sie den Vektor für P_4 an: $\vec{A}\,(1, 0, 1) = \dots\dots\dots\dots$

Erinnerung, es war: $\vec{A}\,(x, \overline{y}, z) = \dfrac{(y, x, 0)}{\sqrt{x^2 + y^2}}$

------------------------------- ▷   52

4

Sehr gut so.

Natürlich ist es mühsamer, statt rasch zu lesen, noch eine Rechnung parallel zum Text durchzuführen. Aber es ist ein weiterer Schritt zur Selbständigkeit.

Hier sind nun Hinweise für die Lösung $z = e^{-(x^2+y^2)}$

Werte gerundet   Wertematrix

$e^{-1} \approx 0,4$

$e^{-4} \approx 0,02$

x y	0	1	2
0	1	0,4	0,02
1	0,4	0,1	0,007
2	0,02	0,007	0,0003

-------------------------------- ▷ 5

28

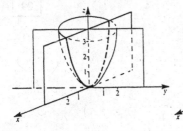

Hinweis:
Die Schnittkurven
sind Parabeln.

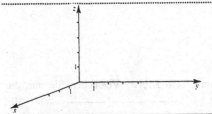

Skizzieren Sie nun noch die Schnitte mit Parallelen zur x-y-Ebene in den Höhen $z = 1$, $z = 2$, $z = 3$, $z = 4$ für $z = x^2 + y^2$

-------------------------------- ▷ 29

52

$\vec{A}(1, 0, 1) = \dfrac{(0, 1, 0)}{\sqrt{1}} = (0, 1, 0)$

Berechnen Sie $\vec{A}$ für die weiteren Punkte

$\vec{A}(1, 0, 1) = (0, 1, 0)$

$\vec{A}(1, 1, 1) = (..........)$

$\vec{A}(0, 1, 1) = (..........)$

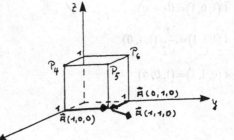

Erinnerung: $\vec{A}(x, y, z) = \dfrac{(y, x, 0)}{\sqrt{x^2 + y^2}}$

Zeichnen Sie die Vektoren ein.

-------------------------------- ▷ 53

5

Rechts sind die Werte der Matrix
eingetragen.
Skizzieren Sie Schnittlinien für
$y = 0, y = 1, y = 2$

Skizzieren Sie danach Schnittlinien
für $x = 0, x = 1, x = 2$

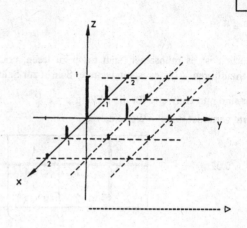

---------------------------------- ▷   6

29

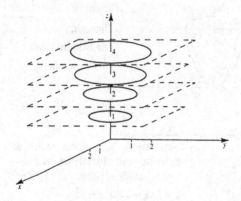

Die Schnittkurven von $z^2 = x^2 + y^2$ mit $z = $ const. sind Kreise. Versuchen Sie nun die
Fläche zu skizzieren. ---------------------------------- ▷   30

53

$\vec{A}(1, 0, 1) = (0, 1, 0)$

$\vec{A}(1, 1, 1) = \dfrac{1}{\sqrt{2}}(1, 1, 0)$

$\vec{A}(0, 1, 1) = (1, 0, 0)$

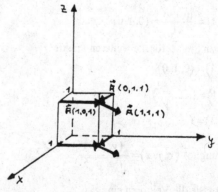

---------------------------------- ▷   54

6

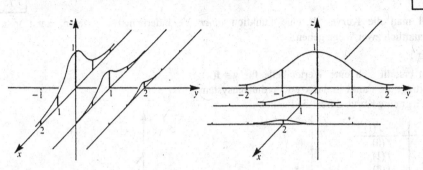

Es zeichnet sich ab ein Berg mit der Kuppe bei $x = 0$ und $y = 0$. Die Fläche ist der im Lehrbuch behandelten Fläche ähnlich. Im Folgenden wollen wir uns die Technik des Skizzierens von Funktionen mit zwei Veränderlichen systematisch erarbeiten. ----- ▷   7

30

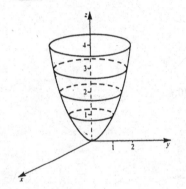

Aufgrund der Schnittkurven können wir sagen, daß die Gleichung $z = x^2 + y^2$ ein Paraboloid darstellt.

------------------------------------- ▷   31

54

Gegeben ist wieder $\vec{A}\,(x, y, z) = \dfrac{(y, x, 0)}{\sqrt{x^2 + y^2}}$

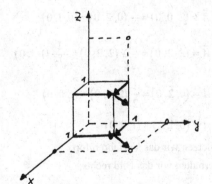

Berechnen und zeichnen Sie noch:

$\vec{A} = (2, 0, 0) = $ ....

$\vec{A} = (2, 2, 0) = $ ....

$\vec{A} = (0, 2, 0) = $ ....

$\vec{A} = (0, 1, 2) = $ ....

------------------------------------- ▷   55

7

Will man die Kurve für eine Funktion *einer* Veränderlichen skizzieren, kann man bekanntlich zwei Wege gehen.

Weg 1:

Man erstellt sich eine Wertetabelle für $y = f(x)$, überträgt die Punkt in das x-y-Koordinatensystem und legt eine Kurve durch die Punkte.

x	$y = f(x)$
0	$f(0)$
1	$f(1)$
2	$f(2)$
.	.
.	.

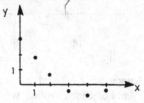

- ▷   8

31

Es soll die folgende Funktion skizziert werden:

$$z = \sqrt{1 - \frac{x^2}{4} - \frac{y^2}{9}}$$

Zeichnen Sie zunächst den Schnitt mit der y-z-Ebene: $z\,(0,y) = \ldots\ldots\ldots\ldots$

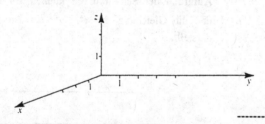

- ▷   32

55

$$\vec{A} = (2, 0, 0) = \frac{1}{2}\,(0, 2, 0) = (0, 1, 0)$$

$$\vec{A} = (2, 2, 0) = \frac{1}{\sqrt{8}}\,(2, 2, 0) = \frac{1}{\sqrt{2}}\,(1, 1, 0)$$

$$\vec{A} = (0, 2, 0) = \frac{1}{2}\,(2, 0, 0) = (1, 0, 0)$$

$$\vec{A} = (0, 1, 2) = (1, 0, 0)$$

Setzen wir das Verfahren fort,

erhalten wir das Bild rechts:

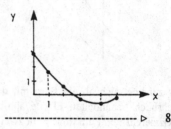

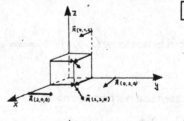

- ▷   56

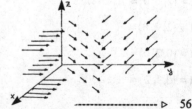

Weg 2: Man sucht charakteristische Werte der Funktion wie

    Schnittpunkte mit der x-Achse   (indem man y = 0 setzt)
    Schnittpunkte mit der y-Achse   (x = 0)
    Maxima und Minima $y' = 0;\ y'' < 0$ bzw. $y'' > 0$)

    Asymptoten $\left(\lim\limits_{x\to\infty} f(x) \right)$

    Wendepunkte $(y'' = 0)$ Polstellen $(y \to \infty)$

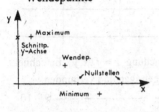

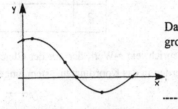

Damit kann die Kurve oft grob skizziert werden.

------------------------------- ▷ 9

32

$$z(0,y) = \sqrt{1 - \frac{y^2}{9}}$$ Dies ist eine Ellipse.

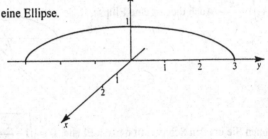

Zeichnen Sie jetzt den Schnitt mit der x-z-Ebene dazu.

    $z(x,0) = \ldots\ldots\ldots\ldots$

------------------------------- ▷ 33

56

Spezielle Vektorfelder

Skizzieren Sie während der Bearbeitung des Abschnittes jeweils die diskutierten Vektorfelder auf Zetteln.

STUDIEREN SIE im Lehrbuch   13.5 Spezielle Vektorfelder
                                      Lehrbuch, Seite 19 - 22

BEARBEITEN SIE DANACH Lehrschritt   ------------------------------- ▷ 57

Bei einer Funktion zweier Variablen (Fläche im Raum) gehen wir genauso vor. Allerdings ist das Verfahren meist langwieriger. denn eine Fläche im Raum ist ein komplizierteres Gebilde als eine Kurve in der Ebene.

Weg 1: Der Wertetabelle

entspricht die Wertematrix

$\frac{y}{x}$	0	1	2	. . .
0				
1	$z = f(x=1, y=0)$		$\bar{z} = f(x=1, y=2)$	
2				

Jedem Wertepaar (x,y) entspricht ein z-Wert, der aus der Gleichung $z = f(x,y)$ berechnet wird. Die Punkte (x,y,z) werden in das Koordinatensystem eingetragen und verbunden.

-------------------------------- ▷ 10

$z(x,0) = +\sqrt{1 - \dfrac{x^2}{4}}$ Auch dies ist eine Ellipse.

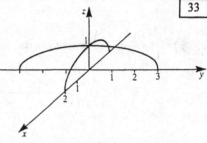

Jetzt zeichnen Sie ein den Schnitt mit der x-y-Ebene. $0 = \sqrt{1 - \dfrac{x^2}{4} - \dfrac{y^2}{9}}$

Lösen Sie auf. $y = $ ....

-------------------------------- ▷ 34

Im Abschnitt „Spezielle Vektorfelder" wurden 3 Typen von Vektorfeldern beschrieben:

1. ....

2. ....

3. ....

-------------------------------- ▷ 58

10

Hier ist eine Skizze, wie sie:
dann entstehen könnte.

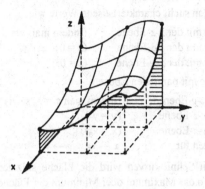

----------------------------------- ▷ 11

34

$y = 3\sqrt{1 - \dfrac{x^2}{4}}$ Auch dies ist eine Ellipse.

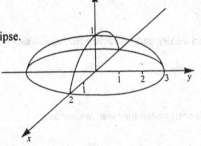

$z = \sqrt{1 - \dfrac{x^2}{4} - \dfrac{y^2}{9}}$ stellt den über der x-y-Ebene gelegten Halbellipsoiden dar.

Hatten Sie von den beiden letzten Aufgaben mindestens eine richtig gelöst?

Ja ----------------------------------- ▷ 36

Nein ----------------------------------- ▷ 35

58

Homogene Vektorfelder, Radialsymmetrische Vektorfelder, Ringförmige Vektorfelder

Klassifizieren Sie die folgenden Vektorfelder:

$\vec{A}(x,y,z)$	homogen	radial-symmetrisch	ringförmig	nicht speziell
$\vec{r} \cdot \dfrac{1}{r^3}$				
$(-y,x,0)$				
$(a,0,b)$				
$a(y,x,0)$				
(b,y,c)				

---------- ▷ 59

11

Weg 2: Man sucht charakteristische Werte wie

Schnitt mit der x-z-Ebene   (indem man $y = 0$ setzt)
Schnitt mit der y-z-Ebene $(x = 0)$
Schnitt mit der x-y-Ebene $(z = 0)$

Schnitte mit parallelen Ebenen

zu der x-y-Ebene   (indem man $z = z_0$ setzt)
zu der x-z-Ebene $(y = y_0)$
zu der y-z-Ebene $(x = x_0)$
Verhalten für $x \rightarrow \infty, \quad y \rightarrow \infty$

Mit diesen Schnittkurven wird die Fläche skizziert. Manchmal erkennt man noch sehr einfach, wo das Maximum oder Minimum der Fläche liegt.

----------------------------------- ▷ 12

35

Suchen Sie den Fehler und versuchen Sie, die Ursache zu identifizieren.

Falls es ein Flüchtigkeitsfehler war, weiter auf   ----------------------------------- ▷ 36

Falls es *kein* Flüchtigkeitsfehler war, noch einmal
das Leitprogramm bearbeiten ab   ----------------------------------- ▷ 23

59

$\vec{A}(x,y,z)$	homogen	radial-symmetrisch	ringförmig	nicht speziell
$\vec{r} \cdot \frac{1}{r^3}$		X		
$(-y,x,0)$			X	
$(a,0,b)$	X			
$a(y,x,0)$			X	
(b,y,c)				X

Skizzieren Sie das Vektorfeld $A(x,y,z) = \vec{r} \cdot r^2$

----------------------------------- ▷ 60

12

Hier ist ein Beispiel, das
dann entstehen könnte.

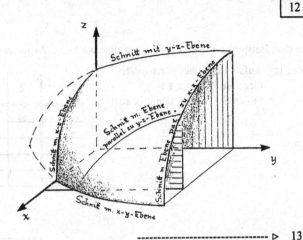

---------------------------------- ▷ 13

36

Sie wissen jetzt, wie man Funktionen mit zwei Veränderlichen graphisch darstellt.

Funktionen mit drei Veränderlichen können wir nicht mehr darstellen, dazu benötigen wir 4
Dimensionen.

---------------------------------- ▷ 37

60

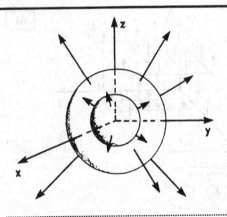

Das   Vektorfeld $A(x,y,z) = \vec{r} \cdot r^2$ ist
radialsymmetrisch. Sein Betrag hängt nur
von $\vec{r}$ ab: $|\vec{A}| = r^3$

Das Vektorfeld $\vec{A} = (0,0,c)$ ist..............   Fertigen Sie eine Skizze dieses Vektorfeldes
an.
---------------------------------- ▷ 61

$\boxed{13}$

An dem Beispiel $z = f(x,y) = x+1$ wollen wir beide Wege vorführen.

Weg 1:   Aufstellung einer Wertematrix
           Gegeben ist $z = x+1$
           Füllen Sie die Wertematrix aus!

x \ y	-2	-1	0	1	2

-------------------------------- ▷ 14

$\boxed{37}$

Das skalare Feld

STUDIEREN SIE im Lehrbuch   13.3 Das skalare Feld
                                   Lehrbuch, Seite 14 - 15

BEARBEITEN SIE DANACH Lehrschritt   -------------------------------- ▷ 38

$\boxed{61}$

homogen

$\vec{A}$ ist von keiner der drei

Variablen x,y,z abhängig.

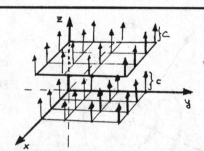

Gegeben sei das Vektorfeld $\vec{A}(x,y,z) = \dfrac{(x,y,z)}{\sqrt{x^2+y^2+z^2}} = \dfrac{\vec{r}}{r}$

Es ist ein .... Vektorfeld

Berechnen Sie den Betrag von $\vec{A}$: $|\vec{A}| = $ ....   -------------------------------- ▷ 62

14

Wertematrix für $z = x + 1$
z hängt nicht von y ab, daher war die Matrix einfach auszufüllen.

x \ y	-2	-1	0	1	2
-2	-1	-1	-1	-1	-1
-1	0	0	0	0	0
0	1	1	1	1	1
1	2	2	2	2	2
2	3	3	3	3	3

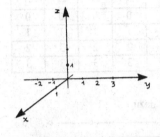

Zeichnen Sie die Punkte ein für $x = 0$ und $y = -2, -1, 0, 1, 2$

---------------------------------- ▷   15

38

Stellt der folgende Ausdruck ein skalares Feld dar?   ....

$$u = \pm\sqrt{R^2 - x^2 - y^2}, \qquad x^2 + y^2 \leq R^2$$

---------------------------------- ▷   39

62

radialsymmetrisches Vektorfeld $|\vec{A}| = 1$

Skizzieren Sie jetzt das Feld $\vec{A} = \dfrac{(x, y, z)}{\sqrt{x^2 + y^2 + z^2}}$

Lösung   ---------------------------------- ▷   66

Hilfe und Erläuterung   ---------------------------------- ▷   63

15

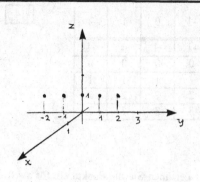

x \ y	-2	-1	0	1	2
-2	-1	-1	-1	-1	-1
-1	0	0	0	0	0
0	1	1	1	1	1
1	2	2	2	2	2
2	3	3	3	3	3

Zeichnen Sie nun die Punkte für $x = 1$ und $y = -2, -1, 0, 1, 2$ dazu.

---------------------------------- ▷ 16

39

Nein.

Zwar ist u ein Skalar, aber die Zuordnungsvorschrift ist durch die beiden Vorzeichen nicht eindeutig, und sie ist daher keine Funktion.

Ist der folgende Ausdruck ein skalares Feld? ....

$$\varphi(x,y,z) = \frac{c}{x+y+z}; \qquad x+y+z \neq 0$$

---------------------------------- ▷ 40

63

Betrachten wir das Feld $\vec{A} = (x, y, z)$

Machen Sie sich zunächst klar, welche Richtungen die Vektoren haben. Das Feld ist ....
Dann überlegen Sie, wie die Beträge vom Abstand vom Koordinatenursprung abhängen.
Wenn wir auf einem Radialstrahl nach außen gehen

☐ nimmt der Betrag von $\vec{A}$ zu

☐ bleibt der Betrag von $\vec{A}$ gleich

☐ nimmt der Betrag von $\vec{A}$ ab

---------------------------------- ▷ 64

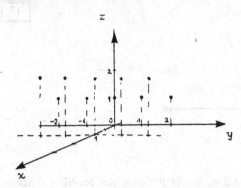

Zeichnen Sie nun noch die Funktionswerte für $x = 2$ und $y = -2, -1, 0, 1, 2$ in die obige Zeichnung ein und versuchen Sie, die Fläche zu skizzieren.

------------------------------- ▷   17

40

Ja

φ ist eine eindeutige Funktion von x, y und z.

φ ist damit eine skalare Größe.

------------------------- ▷   41

64

$\vec{A} = (x, y, z)$ ist ein radialsymmetrisches Vektorfeld.

Wenn wir auf einem Radialstrahl nach außen gehen, nimmt der Betrag von $\vec{A}$ zu.

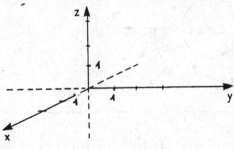

Skizzieren Sie jetzt $\vec{A} = (x, y, z)$ ------------------------- ▷   65

17

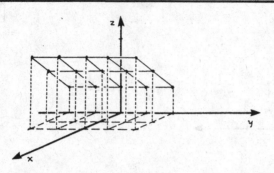

Wir erhalten eine Ebene parallel zur y-Achse, die in Richtung der positiven x-Achse ansteigt. Wichtig ist, daß Sie hier selbst zeichnen lernen. Dabei braucht Ihre Skizze nur in der Sache, nicht in der Ausführung mit dieser übereinzustimmen.

------------------------------------ ▷ 18

41

Das Vektorfeld

STUDIEREN SIE im Lehrbuch   10.4 Das Vektorfeld
                               Lehrbuch, Seite 15 - 18

BEARBEITEN SIE DANACH Lehrschritt   --------------------------------- ▷ 42

65

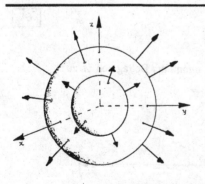

$\vec{A}$ nimmt mit größerem Abstand vom Nullpunkt zu.

Skizzieren Sie nun $\vec{A} = \dfrac{(x,y,z)}{\sqrt{x^2 + y^2 + z^2}}$ --------------------------------- ▷ 66

18

Weg 2: Wir suchen charakteristische Werte oder Kurven. Gegeben sei wieder $z = x + 1$

a) Schnitt mit der y-z-Ebene. $(x = 0)$.   Für ihn gilt: $(x = 0)$

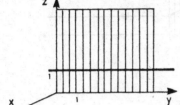

Eingesetzt ergibt das : $z = 1$

Wir erhalten eine Parallele zur y-Achse, die in der y-z-Ebene liegt.

b) Schnitt mit der x-z-Ebene. Hier gilt $y = 0$. Tragen Sie den Schnitt ein.

------------------------------ ▷ 19

42

Die Windgeschwindigkeit sei als Funktion der Höhe z gegeben durch

$$\vec{v} = (1 + z)\vec{e}_x$$

Die Gleichung beschreibt ein

☐ Vektorfeld

☐ Skalarfeld

------------------------------ ▷ 43

66

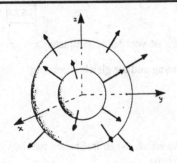

Die Richtung von $\vec{A} = \dfrac{(x,y,z)}{\sqrt{x^2 + y^2 + z^2}}$ ist durch

den Vektor (x, y, z) festgelegt. Dies ist ein Radialvektor. Der Betrag von $\vec{A}$ ist wegen des Nenners in diesem Fall unabhängig vom Ort $|\vec{A}| = 1$

Von welchem Typ ist das Vektorfeld $\vec{A} = \left(\dfrac{3}{2}, \dfrac{3}{2}, 0\right)$? ....

Versuchen Sie das Vektorfeld zu skizzieren. ------------------------------ ▷ 67

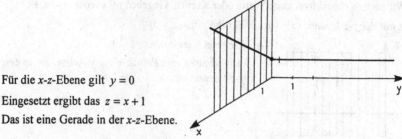

19

Für die x-z-Ebene gilt $y = 0$

Eingesetzt ergibt das $z = x + 1$

Das ist eine Gerade in der x-z-Ebene.

Tragen Sie weitere Schnitte mit Parallelebenen zur x-z-Ebene ein für:

$y = 1; y = 2; y = 3.$

---------------------------------- ▷ 20

43

Vektorfeld

Begründung: $\vec{v}$ beschreibt eine Richtung, angegeben durch den Einheitvektor $\vec{e}_x$ in
            x-Richtung

Skizzieren Sie das Vektorfeld

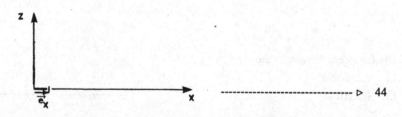

---------------------------------- ▷ 44

67

$\vec{A}(x, y, z) = \left(\dfrac{3}{2}, \dfrac{3}{2}, 0 \right)$ ist ein homogenes Vektorfeld. Es ist von den Koordinaten x, y, z

unabhängig. Es hat in allen Raumpunkten den gleichen Betrag und die gleiche Richtung.

$\vec{A}$ hat den konstanten Betrag: $|\vec{A}| = \sqrt{\dfrac{3^2}{2^2} + \dfrac{3^2}{2^2}} = \dfrac{3}{2}\sqrt{2}$

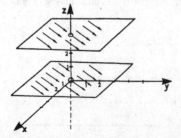

Die Vektoren $\vec{A}$ liegen in Ebenen parallel
zur x-y-Ebene
Sie stehen senkrecht auf der z-Achse.

---------------------------------- ▷ 68

20

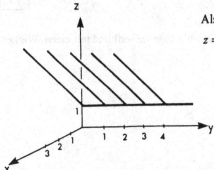

Als Schnittkurve erhält man jeweils die Gerade

$z = x + 1$

Zeichnen Sie in die Zeichnung die Schnitte mit Parallelebenen zur y-z-Ebene ein für $x = 1$; $x = 2$; $x = 3$.

-------------------------------------- ▷ 21

44

Eine Ladung Q liege im Koordinatenursprung. Dann ist nach dem Coulomb'schen Gesetz der Betrag der Kraft auf eine zweite Ladung q gegeben durch

$$F(r) = \frac{1}{4\pi\,\varepsilon_0} \cdot \frac{qQ}{r^2}$$

Beschreibt diese Ausdruck ein Vektorfeld? ☐ Ja   ☐ Nein   ------------- ▷ 45

68

Skizzieren Sie die drei homogenen Vektorfelder:

a) $\vec{A}\,(x, y, z) = (5, 0, 0)$ b) $\vec{A}\,(x, y, z) = (0, 2, 0)$ c) $\vec{A}\,(x, y, z) = (1, 1, 2)$

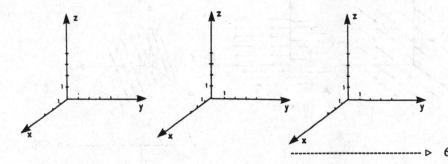

------------------------------------- ▷ 69

21

Wir sehen, daß eine Ebene entsteht, die parallel zur y-Achse verläuft und mit einem Winkel von 45° gegen die x-y-Ebene geneigt ist.

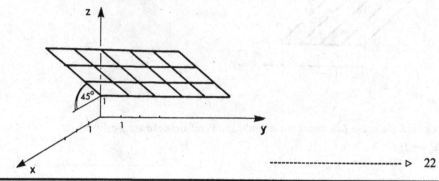

------------------------------- ▷ 22

45

NEIN

Die vorgelegte Beziehung beschreibt den *Betrag* der Coulomb'schen Kraft, also eine skalare Größe.

Das Vektorfeld für die Kraft ist

$$\vec{F} = \frac{1}{4\pi\,\varepsilon_0} \cdot \frac{qQ}{r^2}\,\vec{e}_r$$

($\vec{e}_r$ ist ein Einheitsvektor, der von Q auf q zeigt, $\vec{e}_r = \frac{\vec{r}}{|r|}$)

------------------------------- ▷ 46

69

a)   b)   c)

------------------------------- ▷ 70

22

In der Praxis verwendet man meist den zweiten Weg für das Zeichnen von Schnittkurven . Sie entstehen durch Schnitte der Fläche $z = f(x,y)$ mit Ebenen parallel zu den Ebenen, die durch die Koordinatenachsen aufgespannt werden. Denn oft möchte man sich nur ein grobes, qualitatives Bild von der Funktion $f(x,y)$ machen.

Nur wenn die Funktion $z = f(x,y)$ zu kompliziert ist, sollte man die Funktionswerte berechnen und damit die Funktion skizzieren. So gehen Computer vor, für die der Rechenaufwand praktisch nicht zählt. Daher benutzt man in der Praxis meist Computer, um analytisch durch Gleichungen gegebene Flächen darzustellen.

----------------------------------- ▷ 23

46

Schreiben Sie V für Vektorfeld und S für Skalarfeld und 0, wenn keines von beiden vorliegt.

1. $\varphi = \dfrac{\varphi_0}{r^2}$ $\square$ 4. $u = u_0 \dfrac{1}{v}$ $\square$

2. $\vec{f} = \dfrac{1}{4\pi\varepsilon_0} \cdot \dfrac{Q}{r} \cdot \dfrac{\vec{r}}{|r|}$ $\square$ 5. $z = \pm\sqrt{x^2 + y^2}$ $\square$

3. $v = v_0(1 + 0{,}2 \cdot z)$ $\square$ 6. $p = p_0(1 - \varphi \cdot z)$ $\square$

----------------------------------- ▷ 47

70

Von welchem Typ ist das Vektorfeld

$$\vec{A}(x, y, z) = (-y, x, 0) \,?$$

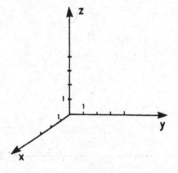

Fertigen Sie eine Skizze an!

----------------------------------- ▷ 71

23

Ein weiteres Beispiel:

Skizzieren Sie in das nebenstehende

Koordinatensystem die Funktion

$z = f(x, y) = 3$

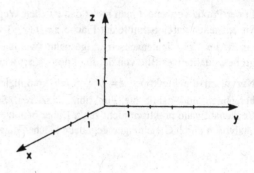

------------------------------ ▷ 24

47

1. S   2. V   3. S
4. S   5. 0   6. S

Als nächstes werden wir uns zu gegebenen analytischen Ausdrücken ein qualitatives zeichnerisches Bild von Vektorfeldern schaffen.

Wir setzen die Komponentenschreibweise als bekannt voraus.

$$\vec{A} = \left(A_x, A_y, A_z \right)$$

Ebenso wird als bekannt vorausgesetzt, daß ein Vektor bei gegebenen Komponenten in ein räumliches Koordinatensystem eingetragen werden kann.

------------------------------ ▷ 48

71

$\vec{A}(x, y, z) = (-y, x, 0)$ ist ein ringförmiges Vektorfeld.

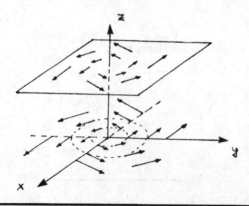

------------------------------ ▷ 72

24

Die Fläche $z = 3$ ist eine Ebene,
die mit dem Abstand 3
parallel zur x-y-Ebene liegt.

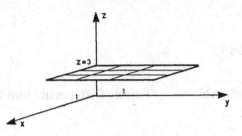

Stimmt Ihre Skizze mit der obigen in der Sache überein?

Nein ---------------------------- ▷ 25

Ja ---------------------------- ▷ 27

Nun geht es weiter mit den Lehrschritten **auf der Mitte der Seiten.**
Sie finden Lehrschritt 25 unterhalb Lehrschritt 1. Lehrschritt 27 unterhalb Lehrschritt 3.
BLÄTTERN SIE ZURÜCK

48

Zu skizzieren sei das Vektorfeld $\vec{A}(x,y,z) = \dfrac{(y,x,0)}{\sqrt{x^2 + y^2}}$

1. Schritt: Wir legen in der x-y-Ebene ein Netz von Koordinatenlinien.
2. Schritt: Wir berechnen die Vektoren $\vec{A}(x,y,0)$

für die Punkte $\qquad P_1 = (1, 0, 0)$

$\qquad\qquad\qquad\quad P_2 = (1, 1, 0)$

$\qquad\qquad\qquad\quad P_3 = (0, 1, 0)$

Dazu werden die Koordinaten der Punkte in $\vec{A}(x,y,z)$ eingesetzt.

$\vec{A}(1,0,0) = \ldots\ldots\ldots \qquad \vec{A}(1,1,0) = \ldots\ldots\ldots \qquad \vec{A}(0,1,0) = \ldots\ldots\ldots$

Nun geht es weiter mit den Lehrschritten **im unteren Drittel** der Seiten. Sie finden
Lehrschritt 49 unterhalb der Lehrschritte 1 und 25. BLÄTTERN SIE ZURÜCK ------ ▷ 49

72

Sie haben das  des Kapitels erreicht.

0

Kapitel 14

Partielle Ableitung, Totales Differential und Gradient

1

Zunächst eine kurze Wiederholung der Funktionen mehrerer Variablen. Diese Kenntnisse brauchen Sie, um das neue Kapitel verstehen zu können.

Berechnen Sie die Funktion

$$z = f(x, y) = \sqrt{9 - x^2 - y^2} \quad \text{an den Punkten}$$

$P_1 = (1, 2)$ und $P_2 = (2, 0)$.

$f(1, 2) = \ldots\ldots\ldots\ldots$
$f(2, 0) = \ldots\ldots\ldots\ldots$

----------------------------------- ▷   2

26

Die partielle Ableitung der Funktion $f(x, y) = +\sqrt{1 - x^2 - y^2}$ ist jetzt schon mehrfach vorgekommen,. Sie müßte Ihnen bekannt sein.

$$f_x = \frac{-x}{+\sqrt{1 - x^2 - y^2}}$$

Gesucht ist f_x im Punkt $P = (1, 0)$. Sie müssen nun einsetzen in f_x die Werte $x = 1$ und $y = 0$.

Hinweis: $\frac{1}{0} = \infty$. Im Zweifel Skizze im Lehrschritt 21 einsehen.

$f_x(1, 0) = \ldots\ldots\ldots\ldots$

----------------------------------- ▷   27

51

$$\text{grad } f = \frac{\partial f}{\partial x}\vec{e}_x + \frac{\partial f}{\partial y}\vec{e}_y$$

$$\text{grad } f = (\frac{\partial f}{\partial x}, \frac{\partial f}{\partial y}) \quad \text{oder} \quad \text{grad } f = (f_x, f_y)$$

Gegeben sei die Funktion

$$f(x, y) = x^2 + y^2.$$

Gesucht ist

grad $f = \ldots\ldots\ldots\ldots$

----------------------------------- ▷   52

2

$$f(1,2) = \sqrt{9-1-4} = 2$$
$$f(2,0) = \sqrt{9-4-0} = \sqrt{5} \approx 2{,}236$$

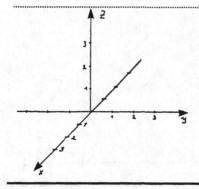

Skizzieren Sie die Fläche $z = \sqrt{9-x^2-y^2}$.

---------------------------------- ▷   3

27

$f_x(1,0) = \infty$ Hinweis: Die Steigung der Tangente in y-Richtung ist unendlich, die Tangente verläuft parallel zur z-Achse. Im Zweifel in Skizze im Lehrschritt 21 verifizieren.

Nun berechnen Sie für die gleiche Funktion der Halbkugel die Steigungen in x-Richtung und in y-Richtung für den Punkt $P = (\frac{\sqrt{2}}{2}, 0)$. $f = z = +\sqrt{1-x^2-y^2}$

$$f_x = (\tfrac{\sqrt{2}}{2}, 0) = \ldots\ldots\ldots\ldots$$
$$f_y = (\tfrac{\sqrt{2}}{2}, 0) = \ldots\ldots\ldots\ldots$$

---------------------------------- ▷   28

52

$$\operatorname{grad} f = 2x\,\vec{e}_x + 2y\,\vec{e}_y = (2x, 2y)$$

Beschäftigen wir uns jetzt mit dem Gradienten in drei Dimensionen.
Gegeben sei das skalare Feld

$$f(x,y,z) = -x^2 - y^2 - z$$
$$\operatorname{grad} f = \ldots\ldots\ldots\ldots$$

---------------------------------- ▷   53

3

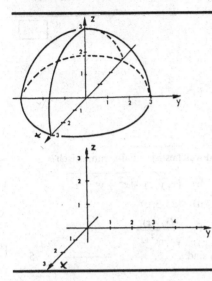

Die Funktion $z = \sqrt{9 - x^2 - y^2}$ stellt eine Halb-kugelschale über der x-y-Ebene dar.

Berechnen Sie das Vektorfeld

$$\vec{A}(x, y, z) = 3(x, y, z)$$

für den Punkt $P = (1, 1, 1)$ und zeichnen Sie den Vektor $\vec{A}(1, 1, 1)$ ein.

$$\vec{A}(1, 1, 1) = \ldots\ldots\ldots\ldots$$

------------------------ ▷   4

28

$$f_x = \frac{-x}{+\sqrt{1 - x^2 - y^2}} \quad \text{also gilt} \quad f_x = (\tfrac{\sqrt{2}}{2}, 0) = -\frac{\sqrt{2}}{2 \cdot \sqrt{\tfrac{1}{2}}} = -1$$

$$f_y = \frac{-y}{+\sqrt{1 - x^2 - y^2}} \quad \text{also gilt} \quad f_y = (\tfrac{\sqrt{2}}{2}, 0) = 0$$

Im Lehrbuch wurde die mehrfache partielle Ableitung f_{xy} gebildet für die Funktion

$f(x, y, z) = \frac{x}{y} + 2z$. Es war $f_{xy} = -\frac{1}{y^2}$

Berechnen Sie die Ableitung f_{yx} für die Funktion $f = \frac{x}{y} + 2z$

$$f_{yx} = \ldots\ldots\ldots\ldots$$

Sind f_{xy} und f_{yx} gleich oder ungleich?   ------------------------ ▷   29

53

$$grad\, f = (\frac{\partial f}{\partial x}, \frac{\partial f}{\partial y}, \frac{\partial f}{\partial z}) = (-2x, -2y, 1) \quad \text{oder} \quad grad\, f = -2x\vec{e}_x - 2y\vec{e}_y + 1\vec{e}_z$$

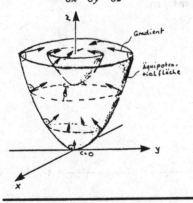

Falls Sie das obige Ergebnis nicht haben, führen Sie selbständig eine Fehleranalyse durch.

Die Skizze veranschaulicht dieses Vektorfeld. Zwei Äquipotentialflächen sind eingezeichnet.

------------------------ ▷   54

4

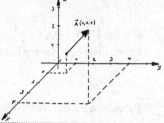

$\vec{A}(1, 1, 1) = (3, 3, 3)$

Welches der folgenden Vektorfelder ist homogen und welches ist radial-symmetrisch?

a) $\sqrt{x^2 + y^2 + z^2} \cdot (1, 2, 7)$

b) $(x, y, z) \cdot \sqrt{x^2 + y^2 + z^2}$

c) $(1, 7, 23/2)$

d) $(25, 3, z)$

e) $(-5, -3, -1)$

f) $\dfrac{(x, y, z)}{\sqrt{x^2 + y^2 + z^2}}$

homogen sind: ....   radialsymmetrisch sind: .... ------------ ▷ 5

29

$\frac{\partial}{\partial y}\left(\frac{\partial f}{\partial x}\right) = f_{yx} = -\frac{1}{y^2}$

$f_{xy} = f_{yx}$.

Diese Aussage gilt für die meisten in der Physik vorkommenden Funktionen (Ihre partiellen Ableitungen müssen stetig sein).

Gilt auch $f_{xz} = f_{zx}$ für die Funktion $f(x, y, z) = \dfrac{x}{y} + 2z^2$?

Bilden Sie die Ableitungen

$f_{xz} = $ ....

$f_{zx} = $ ....

------------------------------------- ▷ 30

54

Berechnen Sie den Gradienten für das skalare Feld $\varphi(x, y, z) = x^2 + y^2$.

grad $\varphi = $ .... Fertigen Sie eine Skizze für grad φ an.

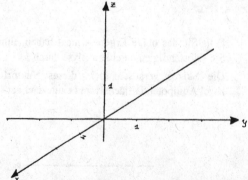

--------------------------------- ▷ 55

5

homogen: c), e)   radialsymmetrisch: b), f)

Hatten Sie Schwierigkeiten grundsätzlicher Art, also keine Flüchtigkeitsfehler, so wäre es angebracht, jetzt noch einmal das Kapitel 13 zu wiederholen. Im folgenden wird nämlich vorausgesetzt, daß Sie das Kapitel kennen. Fehlt Grundlagenwissen, scheint das Neue oft unverhältnismäßig schwierig zu sein.

------------------------------- ▷   6

30

$f_{xz} = 0$

$f_{zx} = 0$

Das Ergebnis einer mehrfachen partiellen Ableitung ist unabhängig von der Reihenfolge der Ableitungen. (Stetigkeit der 1. Ableitung und Existenz der 2. Ableitung vorausgesetzt).

Entscheiden Sie selbst, wie Sie vorgehen:

Weitere Übungsaufgaben   -------------------------------- ▷   31

Nächster Abschnitt   -------------------------------- ▷   33

55

grad $\varphi = (2x, 2y, 0)$

-------------------------------- ▷   56

6

Partielle Ableitung, totales Differential und Gradient

Rechnen Sie beim Durcharbeiten des Lehrbuchabschnittes auf einem Zettel die beiden Beispiele nach. Bilden Sie die entsprechenden partiellen Ableitungen der Funktionen:

$$z = \frac{1}{1+x^2+y^2} \quad \text{und} \quad u = \frac{x}{y} + 2z$$

Wir erinnern uns doch: Das Mitrechnen übt Rechentechniken und zeigt Ihnen Ihre Wissenslücken und Schwierigkeiten rechtzeitig.

STUDIEREN SIE im Lehrbuch   14.1   Partielle Ableitung
                                   14.1.1 Mehrfach partielle Ableitung
                                          Lehrbuch, Seite 27 - 30

BEARBEITEN SIE DANACH Lehrschritt   ------------------------------ ▷   7

31

Gegeben sei $f(x,y) = x^2 y + y^2 x + z^2 x$

$\quad f_{xz} = \ldots\ldots\ldots\ldots$

$\quad f_{zx} = \ldots\ldots\ldots\ldots$

$\quad f_{xy} = \ldots\ldots\ldots\ldots$

$\quad f_{yx} = \ldots\ldots\ldots\ldots$

Hilfe zur Zwischenkontrolle Ihrer Rechnungen:

$\quad f_x = 2xy + y^2 + z^2$

$\quad f_y = x^2 + 2xy$

$\quad f_z = 2zx$

------------------------------ ▷   32

56

Wir wollen uns jetzt weiter mit dem Begriff *Niveaufläche* befassen.

Gegeben sei das skalare Feld $\varphi(x,y,z) = -x^2 - y^2 + z$

Berechen Sie nach folgendem Lösungsschema die Niveaufläche: $\varphi = c$

1. Schritt: $\varphi(x,y,z) = c$ $c = \ldots\ldots\ldots\ldots$

2. Schritt: Auflösen nach z $z = \ldots\ldots\ldots\ldots$

3. Schritt: Ist die Funktion $z = f(x,y)$ bekannt?
              Welche geometrische Bedeutung hat $f(x,y)$

------------------------------ ▷   57

7

Die Symbole für die partielle Ableitung einer Funktion $f(x, y)$ nach x sind

.... und ....

Die Symbole für die partielle Ableitung nach y sind

.... und ....

------------------------------------- ▷   8

32

$f_{xz} = 2z$

$f_{zx} = 2z$

$f_{xy} = 2x + 2y$

$f_{yx} = 2x + 2y$

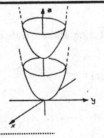

------------------------------- ▷   33

57

1. Schritt: $\varphi = (x, y, z) = c$ $c = -x^2 - y^2 + z$

2. Schritt: Auflösen nach z: $z = x^2 + y^2 + c$

3. Schritt: Diese Gleichungen beschreiben
              Paraboloide mit Scheitelpunkt
              bei $z = c$.

Berechnen Sie jetzt die Niveaufläche $\varphi = 2$ für das Potential

$$\varphi = (x, y, z) = \frac{b}{(x^2 + y^2 + z^2)^{3/2}} \qquad (b > 0) \qquad z = \dots\dots\dots$$

Lösung   ------------------------------- ▷   60

Erläuterung oder Hilfe   ------------------------------- ▷   58

$$\boxed{8}$$

$$\frac{\partial f}{\partial x}, \quad f_x \qquad\qquad\qquad \frac{\partial f}{\partial y}, \quad f_y$$

....

Bilden Sie die partielle Ableitung nach x von der Funktion $z = f(x, y) = x^2 + y^2$:

$$\frac{\partial f}{\partial x} = \dots\dots\dots\dots$$

Lösung gefunden ------------------------------------ ▷ 10

Erläuterung oder Hilfe erwünscht ------------------------------------ ▷ 9

$$\boxed{33}$$

Das totale Differential

Vergessen Sie bitte nicht, die Beispiele im Text sollten auf einem Zettel mitgerechnet werden.

STUDIEREN SIE im Lehrbuch   14.2 Das totale Differential
                                 Lehrbuch, Seite 31 - 34

BEARBEITEN SIE DANACH Lehrschritt ------------------------------ ▷ 34

$$\boxed{58}$$

Hier zunächst eine andere Aufgabe: Berechnen Sie die Niveaufläche für das Potential $\varphi = -4$

$$\varphi(x, y, z) = x^2 - y^2 + z^2$$

1. Schritt: $-4 = \dots\dots\dots\dots$

2. Schritt: $z^2 = \dots\dots\dots\dots$

$\qquad\qquad z = \dots\dots\dots\dots$

------------------------------ ▷ 59

9

Bei der partiellen Ableitung nach x werden *alle* Variablen *außer x* als *Konstante* betrachtet.

y^2 ist also hier als Konstante zu behandeln. Konstante fallen beim Differenzieren weg.

Beispiel: $f(x, y) = x + y$.

Beim Differenzieren nach *x* wird *y* als Konstante behandelt und fällt weg.

$$\frac{\partial f}{\partial x} = 1$$

Berechnen Sie die partielle Ableitung nach *x* von $f(x, y) = x^2 + y^2$.

$$\frac{\partial f}{\partial x} = \ldots\ldots\ldots\ldots$$

------------------------------ ▷   10

34

Das totale Differential einer Funktion $f(x, y, z)$ ist wie folgt definiert:

$$df = \ldots\ldots\ldots\ldots$$

------------------------------ ▷   35

59

1. Schritt: $-4 = x^2 - y^2 + z^2$

2. Schritt: $z^2 = -x^2 + y^2 - 4$ $z = \sqrt{-x^2 + y^2 - 4}$

Dies ist die Gleichung eines Rotationshyperboloids:

a) In der x-y-Ebene (x = 0) erhalten wir eine Hyperbel

$$z^2 - y^2 = -4$$

b) Schneiden wir mit einer Ebene parallel zur x-z-Ebene, im Abstand $y = 3$, erhalten wir einen Kreis

$$z^2 = -x^2 + 9 - 4 \quad \text{also} \quad z^2 + x^2 = 5$$

Berechnen Sie die Niveaufläche $\varphi = 2$ für $\varphi = (x, y, z) = \dfrac{b}{(x^2 + y^2 + z^2)^{3/2}}$

$z = \ldots\ldots\ldots\ldots$ ------------------------------ ▷   60

$\boxed{10}$

$$\frac{\partial f}{\partial x} = \frac{\partial}{\partial x}(x^2 + y^2) = 2x$$

Hinweis: y^2 wurde als Konstante behandelt. Die Ableitung einer Konstanten ist Null.

....

Berechnen Sie $\dfrac{\partial f}{\partial y}$ von $z = f(x,y) = x^2 + y^2 + 5$

$$\frac{\partial f}{\partial y} = \ldots\ldots\ldots\ldots$$

Lösung gefunden   ------------------------------- ▷ 15

Erläuterung oder Hilfe erwünscht   ------------------------------- ▷ 11

$\boxed{35}$

$$df = \frac{\partial f}{\partial x}dx + \frac{\partial f}{\partial y}dy + \frac{\partial f}{\partial z}dz$$

....

Berechnen Sie das totale Differential der Funktion:

$$f(x,y,z) = \frac{x}{y} + z$$

$$df = \ldots\ldots\ldots$$

Lösung   ------------------------------- ▷ 37

Erläuterung oder Hilfe erwünscht   ------------------------------- ▷ 36

$\boxed{60}$

$\varphi(x,y,z) = \dfrac{b}{(x^2 + y^2 + z^2)^{3/2}} = 2$ Auflösung nach z: $z_{1/2} = \pm\sqrt{(\frac{b}{2})^{2/3} - x^2 - y^2}$

Die Niveauflächen sind Kugelflächen mit dem Radius $R = (\frac{b}{2})^{1/3}$

....

Gegeben sei das skalare Feld $\varphi(x,y,z) = x + y - z$.
Die Niveauflächen sind Ebenen, die einen Winkel
von 45° mit der x-Achse und mit der y-Achse
einschließen. In der Skizze ist: $\varphi = 0$

Rechnen und skizzieren Sie:

a) Niveaufläche für $\varphi = -2$: $z = \ldots\ldots\ldots\ldots$
b) Gradient: grad $\varphi = \ldots\ldots\ldots\ldots$

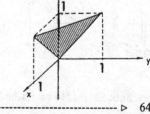

Lösung   -------------------------- ▷ 64

Erläuterung oder Hilfe   -------------------------- ▷ 61

11

Bei der partiellen Ableitung nach y werden *alle* Variablen *außer y* als Konstante betrachtet. Betrachten wir ein Beispiel:

$$f(x,y) = 2x + 5y + 10$$

Wenn wir nach y differenzieren, müssen wir x als konstant betrachten.

$$\frac{\partial}{\partial y}(2x + 5y + 10) = 5$$

Berechnen Sie nun

$$\frac{\partial}{\partial y}(x^2 + y^2 + 5) = \ldots\ldots\ldots\ldots$$

Lösung   -------------------------------- ▷ 15

Weitere Erläuterung oder Hilfe   -------------------------------- ▷ 12

36

Das totale Differential einer Funktion $f(x,y,z)$ ist definiert als

$$df = \frac{\partial f}{\partial x}dx + \frac{\partial f}{\partial y}dy + \frac{\partial f}{\partial z}dz$$

Zuerst müssen alle partiellen Ableitungen berechnet werden.

Beispiel: Es gilt für $f(x,y,z) = x^2 + y + z$

$$\frac{\partial f}{\partial x} = 2x \qquad\qquad \frac{\partial f}{\partial y} = 1 \qquad\qquad \frac{\partial f}{\partial z} = 1$$

Einsetzen in die Definition liefert das Ergebnis: $df = 2x dx + dy + dz$.

Berechnen Sie nun das totale Differential für $f(x,y,z) = \dfrac{x}{y} + z$

$$df = \ldots\ldots\ldots\ldots$$ -------------------------------- ▷ 37

61

Gegeben: $\varphi(x,y,z) = x + y - z$.
In der Aufgabe war die Niveaufläche
für $\varphi = -2$ zu berechnen.
Wir berechnen hier zunächst die Niveaufläche für $\varphi = 2$

1. Schritt: $\varphi = 2$ $2 = \ldots\ldots\ldots\ldots$

2. Schritt: Nach z auflösen. $z = \ldots\ldots\ldots\ldots$

3. Schritt: Niveaufläche skizzieren.

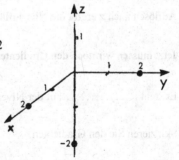

Hinweis: Um Punkte der Fläche zu finden, setzen wir
einmal $z = 0,$ $x = 0$ das ergibt $y = 2$
          $z = 0,$ $y = 0$ das ergibt $x = 2$
          $x = 0,$ $y = 0$ das ergibt $z = 2$ -------------------------------- ▷ 62

12

Hier finden Sie noch einmal die Rechenregel für die partielle Differentiation. Gegeben seien eine Funktion f der zwei Variablen x, y.

a) Zu bilden ist $\frac{\partial f}{\partial x}$.   1. Schritt: Wir betrachten alle y als Konstante.

2. Schritt: Wir differenzieren nach x.
Die Regeln sind in Kapitel 5 – Differentialrechnung – behandelt.

b) Zu bilden ist $\frac{\partial f}{\partial y}$.   1. Schritt: Wir betrachten alle x als Konstante.

2. Schritt: Wir differenzieren nach y. Hier könnte für Sie eine Schwierigkeit liegen. Um nach y zu differenzieren, betrachten wir y als Variable und wenden die Differentiationsregeln, die wir sonst auf x anwenden, hier auf y an. Beispiel:

$$f(x,y) = x^2 + y \qquad \frac{\partial}{\partial y}(x^2 + y) = 1$$

$$f(x,y) = x + y^2 \qquad \frac{\partial}{\partial y}(x + y^2) = \ldots\ldots$$ -------- ▷ 13

37

$$df = \frac{dx}{y} - \frac{x}{y^2} \cdot dy + dz$$

Noch Schwierigkeiten?

Nein   ---------------------------------- ▷ 39

Ja   ---------------------------------- ▷ 38

62

$2 = x + y - z$

Auflösen nach z ergibt die Niveaufläche $z = x + y - 2$

Jetzt müssen wir noch den Gradienten bilden. grad $\varphi = \ldots\ldots$

Er steht $\ldots\ldots\ldots\ldots$ auf der Niveaufläche.

Skizzieren Sie den Gradienten.

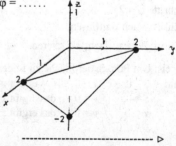

---------------------------------- ▷ 63

13

$$\frac{\partial}{\partial y}(x+y^2) = 2y$$

....

Berechnen Sie die partiellen Ableitungen von der Funktion $f(x,y) = 2x + 4y^3$:

$$\frac{\partial f}{\partial x} = \ldots\ldots\ldots\ldots$$

$$\frac{\partial f}{\partial y} = \ldots\ldots\ldots\ldots$$

------------------------------- ▷ 14

38

Bearbeiten Sie den Abschnitt 14.2 noch einmal im Lehrbuch. Berechnen Sie dabei das totale Differential der folgenden Funktionen und vergleichen Sie Ihre Resultate mit den Lösungen unten.

a) $f(x,y) = x^2 + 2xy + y^2$

b) $f(x,y,z) = \frac{1}{x} + xy + z$

Lösungen:

a) $df = (2x + 2y) \cdot dx + (2x + 2y)\,dy$

b) $df = (y - \frac{1}{x^2})\,dx + x\,dy + dz$

------------------------------- ▷ 39

63

Hinweis: Der Gradient wird von dem skalaren Feld $\varphi = x + y - z$ gebildet:

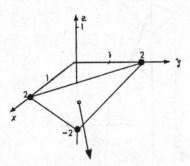

$$grad\,\varphi = (\frac{\partial\varphi}{\partial x}, \frac{\partial\varphi}{\partial x}, \frac{\partial\varphi}{\partial z}) = (1, 1, -1)$$

In diesem Fall ist der Gradient für alle Raumpunkte konstant. Er ist damit auch unabhängig von der Niveaufläche. Der Vektor (1, 1, -1) steht senkrecht auf der Ebene $z = x + y - 2$ und zeigt schräg nach unten.

Lösen Sie jetzt nach dem gleichen Muster die ursprüngliche Aufgabe.

BLÄTTERN SIE ZURÜCK UND BEARBEITEN Sie Lehrschritt   ------------------------- ▷ 60

14

$$\frac{\partial f}{\partial x} = 2$$

$$\frac{\partial f}{\partial y} = 12y^2$$

....

Berechnen Sie nun

$$\frac{\partial}{\partial y}(x^2 + y^2 + 5) = \ldots\ldots\ldots\ldots$$

-------------------------------------- ▷ 15

39

Die Definition der Höhenlinie ist wichtig. Daher die Fragen:

a)   Höhenlinien sind

☐ Linien im Raum

☐ Linien in der x-y-Ebene

b)   *Linien gleicher Höhe* auf einer Fläche und *Höhenlinien* sind

☐ identisch

☐ nicht identisch

c)   Die Gleichung der Fläche $z = f(x, y)$ enthält die Variablen x, y, z. Die Gleichung der Höhenlinie enthält die Variablen ....

-------------------------------------- ▷ 40

64

Niveaufläche: $z = x + y + 2$

Gradient   grad $\varphi = (1, 1, -1)$

Der Gradient steht *senkrecht* auf der Niveaufläche.

Er zeigt hier schräg nach vorn und nach unten.

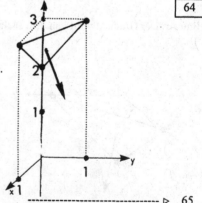

-------------------------------------- ▷ 65

15

$$\frac{\partial f}{\partial y} = 2y$$

Berechnen Sie die partiellen Ableitungen der Funktion $z = x^3 + 5xy - \frac{1}{2}y^2 + 3$

$$\frac{\partial z}{\partial x} = \dots\dots\dots\dots\dots$$

$$\frac{\partial z}{\partial y} = \dots\dots\dots\dots\dots$$

------------------------------ ▷ 16

40

a)   Höhenlinien sind Linien in der x-y-Ebene.

b)   Linien gleicher Höhe und Höhenlinien sind *nicht* identisch. Vergessen Sie dies nicht.
Es verhindert viele Mißverständnisse.

Aus *Linien gleicher Höhe* gewinnt man die *Höhenlinien* durch Projektion auf die x-y-Ebene.

c)   Die Gleichung der Höhenlinie enthält nur die Variablen x und y.

------------------------------ ▷ 41

65

Hinweis: Die Begriffe *skalares Feld* und *Niveaufläche* sind deutlich zu unterscheiden:
Gegeben sei ein skalares Feld durch die Gleichung $\varphi = (x, y, z)$.
Wir haben dann zwei Operationen.

a) Bildung der Niveauflächen $\varphi = (x, y, z) = c$. Auflösen nach z gibt die Niveaufläche.

b) Bildung des Gradienten: grad $\varphi = (\frac{\partial \varphi}{\partial x}, \frac{\partial \varphi}{\partial y}, \frac{\partial \varphi}{\partial z})$

Der Gradient ist ein Vektor, der senkrecht auf den Niveauflächen steht.

------------------------------ ▷ 66

16

$$\frac{\partial z}{\partial x} = 3x^2 + 5y$$

$$\frac{\partial z}{\partial y} = 5x - y$$

....

Berechnen Sie die partiellen Ableitungen für $z = 2x^3 \sin 2y$

$$\frac{\partial z}{\partial x} = \dots\dots\dots\dots\dots$$

$$\frac{\partial z}{\partial y} = \dots\dots\dots\dots\dots$$

-------------------------------- ▷   17

41

Für eine Funktion $z = f(x, y)$ werden die *Linien gleicher Höhe* durch folgende Gleichungen beschrieben: $z = c$ und $c = f(x,y)$

Die zugehörigen *Höhenlinien* ergeben sich durch Projektion auf die x-y-Ebene; die Höhenlinien werden also beschrieben durch $f(x,y) = c$. Das folgende Schema zeigt noch einmal, wie man bei der Berechnung der Höhenlinien vorgehen kann: Gegeben ist die Funktion: $z = \frac{1}{1-x^2-y^2}$. Berechnet werden soll die Höhenlinie für $z = 2$.

1. Schritt: Wir setzen $z = f(x,y) = 2$, Wir erhalten $2 = \frac{1}{1-x^2-y^2}$

2. Schritt: Wir formen um: $x^2 + y^2 = \frac{1}{2}$.

3. Schritt: Wir interpretieren: Die Gleichung $x^2 + y^2 = \frac{1}{2}$ beschreibt einen

Kreis mit Radius $\sqrt{\frac{1}{2}}$.

-------------------------------- ▷   42

66

Anwendungsbeispiel: In einem elektrischen Feld der Feldstärke $\vec{E}$ wirkt auf ein Teilchen mit der Ladung q die Kraft $\vec{F} = q\vec{E}$. Elektrische Felder bestehen zwischen geladenen Metallkörpern. (Platten, Kugeln, Drähte). Für geladene Metallkörper läßt sich das elektrische Potential $\varphi\,(x.y,z)$ bestimmen. Daraus läßt sich die elektrische Feldstärke $\vec{E}$ berechnen gemäß $\vec{E} = -\mathrm{grad}\,\varphi\,(x,y,z)$.

Ein Teilchen mit der Masse m und der Ladung q fliegt durch eine elektrisches Feld mit dem Potential $\varphi\,(x,y,z) = k\,(x^2 - y^2)$ $(k = \text{konstant})$

Berechnen Sie die Beschleunigung, die das Teilchen an der Stelle $P_0 = (2, 1, 1)$ erfährt.

$\vec{a}\,(2, 1, 1) = \dots\dots\dots$

Lösung   -------------------------------- ▷   68

Erläuterung oder Hilfe   -------------------------------- ▷   67

17

$$\frac{\partial z}{\partial x} = 6x^2 \sin 2y \qquad\qquad \frac{\partial z}{\partial y} = 4x^3 \cos 2y$$

....

Bilden Sie noch die partiellen Ableitungen von: $u = x^2 - \sin y \cdot \cos z$.

$$\frac{\partial u}{\partial x} = \dots\dots\dots\dots\dots$$

$$\frac{\partial u}{\partial y} = \dots\dots\dots\dots\dots$$

$$\frac{\partial u}{\partial z} = \dots\dots\dots\dots\dots$$

------------------------------- ▷ 18

42

Berechnen Sie die Höhenlinien der Funktion

$z = x + y$ für $z = c$ $y = \dots\dots\dots$

Skizzieren Sie die Höhenlinien für

$c = -1, \quad c = +1, \quad c = 0$

Lösung   ------------------------------- ▷ 44

Erläuterung oder Hilfe   ------------------------------- ▷ 43

67

Hinweise zur Lösung:

1. Stellen Sie die Newtonschen Bewegungsgleichungen auf.

   Sie lauten allgemein: $\vec{F} = m \cdot \ddot{\vec{r}}$.

2. Bestimmen Sie mit Hilfe der gegebenen Information die fehlenden Bestimmungsgrößen.

3. Lesen Sie bei anhaltenden Schwierigkeiten im Lehrbuch den Abschnitt 14.3. Suchen Sie sich die zur Aufgabenlösung wesentliche Information heraus, indem Sie selektiv lesen.

------------------------------- ▷ 68

18

$$\frac{\partial u}{\partial x} = 2x \qquad\qquad \frac{\partial u}{\partial y} = -\cos y \cos z \qquad\qquad \frac{\partial u}{\partial z} = \sin y \sin z$$

Beschreiben Sie in Stichpunkten folgende Begriffe:

1. Geometrische Bedeutung der partiellen Ableitung $\dfrac{\partial f}{\partial x}$

2. Geometrische Bedeutung der partiellen Ableitung $\dfrac{\partial f}{\partial y}$

3. Symbole für die partiellen Ableitungen einer Funktion $f(x,y)$ nach x und y.

4. Rechenregeln für partielles Differenzieren nach x und y.

-------------------------------- ▷   19

43

Gegeben war: $z = x + y$ \qquad Gesucht: Höhenlinien für $z = c$

1. Schritt: Wir setzen ein $z = c$;   Ergebnis: $c = x + y$

2. Schritt: Auflösen nach y ergibt: $y = c - x$

3. Schritt: Die Höhenlinien sind Geraden. Zeichnen Sie die Geraden ein für:

$$c = -1, \quad c = +1, \quad c = 0$$

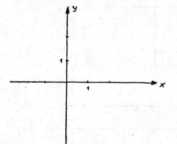

-------------------------------- ▷   44

68

$$\vec{a} = (\ddot{x}, \ddot{y}, \ddot{z}) = (\tfrac{4qk}{m}, \tfrac{2qk}{m}, 0)$$

Hinweise zum Lösungsweg:

1. Die Newtonschen Bewegungsgleichungen lauten allgemein: $\vec{F} = m \cdot \ddot{\vec{r}}$.

$$m\ddot{x} = F_x \qquad m\ddot{y} = F_y \qquad m\ddot{z} = F_z$$

2. Bestimmung der Komponenten von $\vec{F}$

$$\vec{F} = q\vec{E} \qquad\qquad \vec{E} = -\text{grad } \varphi\,(x,y,z)$$

$$grad\ \varphi = k\,(2x, -2y, 0) \qquad \vec{F} = -qk\,(2x, -2y, 0)$$

3. $m\ddot{x} = -qk\,2x; \quad m\ddot{y} = qk\,2y; \quad m\ddot{z} = 0$

Einsetzen der Koordinaten des Punktes P_0 führt zur Lösung.

-------------------------------- ▷   69

| 19 |

1. $\dfrac{\partial f}{\partial x}$ gibt den Anstieg der Tangente in x-Richtung an die Fläche $z = f(x,y)$.

2. $\dfrac{\partial f}{\partial y}$ gibt den Anstieg der Tangente in y-Richtung an die Fläche $z = f(x,y)$.

3. $\dfrac{\partial f}{\partial x}$, f_x, $\dfrac{\partial f}{\partial y}$, f_x.

4. $z = f(x,y)$ wird *partiell nach x differenziert*, indem man y als Konstante auffaßt und die gewöhnliche Differentation nach x ausführt. Bei der *partiellen Ableitung nach y* faßt man x als Konstante auf und differenziert nach y.

------------------------------- ▷   20

| 44 |

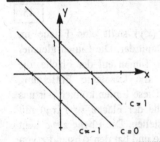

Gegeben ist die Fläche $z = \sqrt{1 - x^2 - y^2}$.

Gesucht ist die Höhenlinie $z = \frac{1}{2}$. $y = \dots\dots\dots\dots$

Lösung gefunden

------------------------------- ▷   46

Erläuterung oder Hilfe erwünscht

------------------------------- ▷   45

| 69 |

Jetzt folgen Aufgaben zum ganzen Kapitel.

Gegeben sei die Funktion $f(x,y,z) = 2xy^2 z$.

Geben Sie die partiellen Ableitungen an:

$f_x = \dots\dots\dots\dots$ $\qquad$ $f_y = \dots\dots\dots\dots$ $\qquad$ $f_z = \dots\dots\dots\dots$

Wie lauten die partiellen Ableitungen im Punkt $p = (1, -1, -1)$?

$f_x(1, -1, -1) = \dots\dots\dots\dots$

$f_y(1, -1, -1) = \dots\dots\dots\dots$

$f_z(1, -1, -1) = \dots\dots\dots\dots$

------------------------------- ▷   70

20

Im folgenden wollen wir uns am Beispiel der Einheitskugel die geometrische Bedeutung der partiellen Ableitungen f_x und f_y nochmals verdeutlichen.

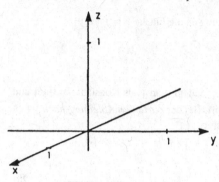

Sie wissen bereits: Sehr vielen Menschen verhilft die geometrische Veranschaulichung eines mathematischen Sachverhalts entscheidend zum Verständnis des Problems.
Skizzieren Sie zunächst die obere Hälfte der Einheitskugel. Zeichnen Sie die Tangenten in x- und y-Richtung am Nordpol ein.
Nordpol: $P = (0, 0, 1)$.

-------------------------------- ▷ 21

45

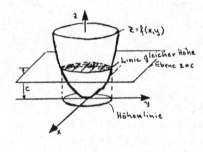

Eine Funktion $z = f(x,y)$ stellt eine Fläche im dreidimensionalen Raum dar. Die Linien gleicher Höhe sind diejenigen Linien auf der Fläche, die von der x-y-Ebene die konstante Entfernung (Höhe) $z = c$ haben. Diese Linien können wir uns als die Schnittschnelle der Fläche $z = f(x,y)$ mit der Ebene $z = c$ vorstellen. Die Ebene $z = c$ liegt parallel zur x-y-Ebene und hat den Abstand c von ihr. Die Höhenlinie ist dann die Projektion der Linie gleicher Höhe auf die x-y-Ebene.

Gegeben: $z = \sqrt{1 - x^2 - y^2}$ Gesucht: Höhenlinie für $z = \frac{1}{2}$

$y = \dots\dots\dots$

-------------------------------- ▷ 46

70

$f_x = 2y^2 z$ $f_y = 4xyz$ $f_z = 2xy^2$

$f_x(1, -1, -1) = -2$ $f_y(1, -1, -1) = 4$ $f_z(1, -1, -1) = 2$

Berechnen Sie die zweifachen partiellen Ableitungen für $f(x,y,z) = 2xy^2 z$

$f_{xx} = \dots\dots\dots$ $f_{xy} = \dots\dots\dots$ $f_{xz} = \dots\dots\dots$

$f_{yz} = \dots\dots\dots$ $f_{yy} = \dots\dots\dots$ $f_{zz} = \dots\dots\dots$

-------------------------------- ▷ 71

21

Korrigieren Sie gegebenenfalls Ihre Zeichnung – oder zeichnen Sie diese Figur ab!

Berechnen Sie die Steigung der Tangente in x-Richtung im Punkt $P = (0, 0)$. Dazu berechnet man die partielle Ableitung nach x und setzt in f_x den Punkt $(0, 0)$ ein.

Gleichung der oberen Hälfte der Einheitskugel $z = +\sqrt{1 - x^2 - y^2}$. $f_x(0, 0) = \ldots\ldots\ldots$

Lösung gefunden   ------------------------------- ▷ 23
Erläuterung oder Hilfe erwünscht   ------------------------------- ▷ 22

46

$y = \sqrt{\frac{3}{4} - x^2}$ Die Höhenlinie ist ein Kreis mit Radius $R = \sqrt{\frac{3}{4}} = \frac{\sqrt{3}}{2}$.

Rechengang: 1. Schritt: $z = \sqrt{1 - x^2 - y^2} = \frac{1}{2}$

2. Schritt: Umformung $x^2 + y^2 = \frac{3}{4}$ $y = \sqrt{\frac{3}{4}} = \frac{\sqrt{3}}{2}$

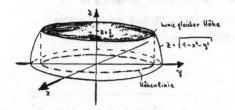

Die Skizze zeigt für $z = \frac{1}{2}$ die *Linie gleicher Höhe* und die *Höhenlinie*.

------------------------------- ▷ 47

71

$f_{xx} = 0$ $f_{xy} = 4yz$ $f_{xz} = 2y^2$
$f_{yz} = 4xy$ $f_{yy} = 4xz$ $f_{zz} = 0$

Berechnen Sie das totale Differential
$$u = f(x, y, z) = x + 2y + z + 1$$

$df = \ldots\ldots\ldots\ldots$

------------------------------- ▷ 72

22

Gegeben: $z = f(x,y) = +\sqrt{1 - x^2 - y^2}$

Gesucht: $f_x = \dfrac{\partial z}{\partial x}$ im Punkt $P = (0, 0)$

Die Steigung der Tangente in x-Richtung ergibt sich zu

$$f_x = \frac{\partial z}{\partial x} = \frac{-x}{\sqrt{1 - x^2 - y^2}}$$

Um die Steigung der Tangente in x-Richtung im Punkt $P = (0, 0)$ zu erhalten, muß eingesetzt werden: $x = 0, \quad y = 0$

$$f_x(0,0) = \ldots\ldots\ldots\ldots$$

------------------------------- ▷   23

47

Der Gradient

Der Abschnitt 14.3 ist zu lang, um ihn in einem Zug durchzuarbeiten. In der Regel wird die Einteilung Ihrer Arbeit vom Leitprogramm gesteuert. In Ihrem weiteren Studium werden Sie umfangreiche Lehrbücher studieren. Auch dort muß die Arbeit in optimale Abschnitte eingeteilt werden. Teilen Sie sich die Arbeit jetzt selbst in Abschnitte ein.

STUDIEREN SIE im Lehrbuch   14.3.1 Gradient bei Funktionen zweier Variablen

14.3.2 Gradient zweier Funktionen dreier Variablen

Lehrbuch, Seite 34 - 39

BEARBEITEN SIE DANACH Lehrschritt   ------------------------------- ▷   48

72

$$df = f_x\, dx + f_y\, dy + f_z\, dz = dx + 2dy + dz$$

Gesucht ist die Höhenlinie für die Funktion

$$z = f(x,y) = 4x^2 + 4y^2 \quad \text{und} \quad z = 16$$

$$y = \ldots\ldots\ldots\ldots$$

Die Höhenlinie ist ein $\ldots\ldots\ldots\ldots$

------------------------------- ▷   73

23

$f_x(0,0) = 0$

Die Tangente hat also den Anstieg Null, sie verläuft horizontal. Dieses Resultat liefert uns aber auch die Anschauung, wenn Sie die Zeichnung im Lehrschritt 21 betrachten.

Berechnen Sie die Steigung für die Tangente in y-Richtung im Punkte $P = (0,0)$

$$f_y = (0,0) = \ldots\ldots\ldots\ldots$$

Lösung gefunden --- ▷ 25

Erläuterung oder Hilfe erwünscht --- ▷ 24

48

Geben Sie drei Eigenschaften des zweidimensionalen Gradienten an!

Stichworte genügen.

. . . .

. . . .

. . . .

------------------------------------ ▷ 49

73

$$y_1 = +\sqrt{4 - x^2}, \qquad y_2 = -\sqrt{4 - x^2}$$

Es handelt sich um einen Kreis mit Radius 2

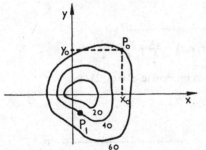

Das Diagramm zeigt die Höhenlinien einer Funktion $z = f(x,y)$.

Zeichnen Sie für die Punkte $P_0(x_0, y_0)$ und $P_1(x_1, y_1)$ die Vektoren grad f ein.

------------------------------------ ▷ 74

24

Gegeben: $z = +\sqrt{1 - x^2 - y^2}$

Gesucht: Steigung der Tangente in y-Richtung im Punkt ($x = 0$; $y = 0$)

Hilfe: Steigung der Tangente in y-Richtung

$$\frac{\partial z}{\partial y} = \frac{-y}{\sqrt{1 - x^2 - y^2}}$$

Jetzt müssen wir die Koordinaten des Punktes $x = 0$, $y = 0$ einsetzen, denn gesucht ist die Steigung in diesem Punkte.

$$f_y(0, 0) = \ldots\ldots\ldots\ldots$$

------------------------------- ▷ 25

49

Eigenschaften des zweidimensionalen Gradienten:

1. Er ist ein Vektor und er steht senkrecht auf den Höhenlinien.

2. Er zeigt in die Richtung der größten Veränderung der Funtionswerte.

3. Sein Betrag ist ein Maß für die Änderung der Funktion.

Gegeben sei $z = f(x, y)$. Geben Sie zwei Schreibweisen für den Gradienten an:

 grad f = $\ldots\ldots\ldots\ldots$

 grad f = $\ldots\ldots\ldots\ldots$

Erläuterung oder Hilfe ------------------------------- ▷ 50

Lösung* ------------------------------- ▷ *51

*Lehrschritt 51 steht **unten auf der Seite** unterhalb der Lehrschritte 1 und 26.

74

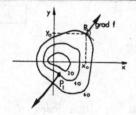

a) Welche Niveauflächen hat das skalare Feld $\varphi(x, y, z) = \frac{x^2}{4} + \frac{y^2}{4} + \frac{z^2}{4}$.

b) Geben Sie den Gradienten der folgenden Funktion im Punkte $P = (1, 2)$ an.

 $f(x, y) = \dfrac{2}{1 + 2x^2 + y^2}$

 grad $f = \ldots\ldots\ldots$

------------------------------- ▷ 75

25

$f_y = (0, 0) = 0$

Berechnen Sie nun für dieselbe Funktion $f(x,y) = z = +\sqrt{1 - x^2 - y^2}$ die Steigung der Tangente in x-Richtung für den Punkt $P = (1, 0)$.

Hinweis: Es ist die Tangente an die Halbkugel in der x-y-Ebene im Punkt $x = 1$, $y = 0$.

$$f_x(1, 0) = \frac{\partial f}{\partial x}(1, 0) = \ldots\ldots\ldots\ldots$$

Lösung gefunden   --------------------------------- ▷ 27

Erläuterung oder Hilfe erwünscht   --------------------------------- ▷ 26

Jetzt geht es weiter mit den Lehrschritten auf der **Mitte der Seiten**.
Sie finden Lehrschritt 26 unter dem Lehrschritt 1. BLÄTTERN SIE ZURÜCK.

50

Die Definition des Gradienten müssen Sie auswendig lernen.

Für $z = f(x,y)$ ist grad $f = \dfrac{\partial f}{\partial x}\vec{e}_x + \ldots\ldots$

Der Gradient ist ein Vektor, daher die Einheitsvektoren nicht vergessen.

Andere Schreibweise:

$$\text{grad } f = (\frac{\partial f}{\partial x}, \ \ldots\ldots)$$

Jetzt geht es weiter mit den Lehrschritten **unten auf den Seiten**.
Lehrschritt 51 steht unter den Lehrschritten 26 und 1.
BLÄTTERN SIE ZURÜCK   --------------------------------- ▷ 51

75

a) Die Niveauflächen sind Kugelschalen mit dem Radius $2 \cdot \sqrt{\varphi}$ und dem
   Mittelpunkt $x = y = z = 0$

b) grad $f(1, 2) = \dfrac{8}{49}(-1, -1)$

   Rechengang: $grad\, f(x,y) = (\dfrac{-8x}{(1+2x^2+y^2)^2}, \ \dfrac{-4y}{(1+2x^2+y^2)^2})$

   Setzt man ein: $x = 1$ und $y = 2$ ergibt sich das Resultat.

Das Wochenpensum ist geschafft.

Sie haben das   dieses Kapitels erreicht.

0

Kapitel 15

Mehrfachintegrale, Koordinatensysteme

1

Zunächst überprüfen wir, wie man es immer tun sollte, zu Beginn eines neuen Kapitels, was wir vom vorhergehenden Kapitel 14 noch wissen.

Dann erst beginnt mit Lehrschritt 7 das Neue.

Nennen Sie mindestens 4 der wichtigsten Begriffe aus dem Kapitel 14:

. . . .

. . . .

. . . .

BEARBEITEN SIE jetzt Lehrschritt 2 ---------------------------------- ▷   2

36

$$\int\limits_{x=0}^{2} \int\limits_{y=1}^{2} \frac{x^2}{y^2} \, dx \, dy = \int\limits_{x=0}^{2} x^2 dx \int\limits_{y=1}^{2} \frac{1}{y^2} \, dy$$

Berechnen Sie nun das Integral!

$$\int\limits_{x=0}^{2} x^2 \, dx \cdot \int\limits_{y=1}^{2} \frac{dy}{y^2} = \ldots\ldots\ldots\ldots$$

---------------------------------- ▷   37

71

Zylinderkoordinaten $dV = r d\varphi \, dr \, dz$

$dm = dV \cdot \rho = \rho \cdot r \, d\varphi \, dr \, dz$

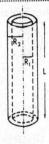

Stellen Sie das Dreifachintegral zur Bestimmung des Trägheitsmoments auf. Achten Sie dabei auf die Integrationsgrenzen.

Berechnen Sie das Integral

$\theta = \ldots\ldots\ldots\ldots$

Lösung gefunden ---------------------------------- ▷   73

Weitere Erläuterung oder Hilfe erwünscht ---------------------------------- ▷   72

2

Die wichtigsten Begriffe waren:
1. Partielle Ableitung
2. Totales Differential
3. Höhenlinie
4. Gradient
5. Niveaufläche

1. Gegeben sei die Funktion $f(x, y, z)$. Geben Sie zwei verschiedene Schreibweisen für die partielle Ableitung nach y: ....   und   ....

2. Gegeben sei die Funktion $z = x^2 + y^2$

   Das totale Differential ist: ....

------------------------------- ▷   3

37

$$\int\limits_{x=0}^{2} x^2 \, dx \cdot \int\limits_{y=1}^{2} \frac{1}{y^2} \, dy = \frac{4}{3}$$

Aufgabe richtig -------------------------------- ▷   39

Fehler gemacht oder Erläuterung gewünscht -------------------------------- ▷   38

72

Das Trägheitsmoment ist: $\theta = \rho \int\limits_{0}^{2\pi} \int\limits_{0}^{L} \int\limits_{R_1}^{R_2} r^3 \, dr \, dz \, d\varphi$

Die Dichte ρ ist konstant, läßt sich daher vor die Integralzeichen schreiben. Berechnung:

Integration über φ ergibt: $= [2\pi] \, \rho \int\limits_{0}^{L} \int\limits_{R_1}^{R_2} r^3 \, dr \, dz$

Integration über z ergibt: $= 2\pi\rho [L] \int\limits_{R_1}^{R_2} r^3 dr$

Integration über r ergibt: $= \frac{\pi}{2} \, \rho \, L \, (R_2^4 - R_1^4)$

$\theta = $ ....

-------------------------------- ▷   73

3

1. $\dfrac{\partial f}{\partial y}$ und f_y

2. $dz = 2x\,dx + 2y\,dy$

Wichtiger noch als die formale Regel zur Bildung des totalen Differentials ist, daß die Bedeutung bekannt ist. Ergänzen Sie den Satz sinngemäß:

Das totale Differential ist ein Maß für die Änderung der Funktion $z = f(x, y)$, wenn

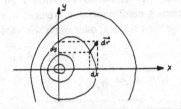

....

....

-------------------------------- ▷   4

38

Das Doppelintegral war das Produkt zweier Einfachintegrale

$$\int_{x=0}^{2} x^2\,dx \cdot \int_{y=1}^{2} \frac{dy}{y^2}$$

Lösen wir die beiden Integrale getrennt:

$$\int_{0}^{2} x^2\,dx = \left[\frac{x^3}{3}\right]_{0}^{2} = \frac{8}{3}$$

$$\int_{1}^{2} \frac{dy}{y^2} = \left[-\frac{1}{y}\right]_{1}^{2} = \left[-\frac{1}{2} - (-1)\right] = \frac{1}{2}$$

Gesucht ist das Produkt der beiden Einfachintegrale. Das ist $\dfrac{8}{3} \cdot \dfrac{1}{2} = \dfrac{4}{3}$

-------------------------------- ▷   39

73

$\theta = \frac{\pi}{2}\rho\,L\,(R_2^4 - R_1^4)$

Lösung von Typ b), Rückführung auf bereits gelöstes Problem.

Wir betrachten das Rohr als hohlen Zylinder. Für einen vollen Zylinder ist das Trägheitsmoment im Lehrbuch, auf Seite 54, angegeben:

$$\theta = \frac{1}{2}\pi\rho\,L\,R^4$$

Ein Zylinder mit Radius R_2 und Höhe L läßt sich in einen inneren Zylinder mit Radius R_1 und ein ihn umgebendes Rohr zerlegen. Das Trägheitsmoment θ_{voll} des vollen Zylinders ist dann die Summe der Trägheitsmomente des inneren Zylinders und des Rohrs:

$$\theta_{voll} = \theta_{innen} + \theta_{Rohr}$$

-------------------------------- ▷   74

4

Das totale Differential ist ein Maß für die Änderung der Funktion $z = f(x, y)$, wenn x um dx und y um dy vergrößert werden.

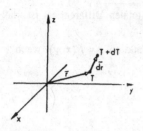

Das totale Differential kann sinngemäß auch auf eine Funktion von drei Veränderlichen übertragen werden. So kann die Temperatur T eine Funktion der Raumkoordinaten sein. $T = T(x, y, z)$

Dann ist das totale Differential der Funktion T ein Maß für die Änderung der Temperatur, wenn x, y, z um dx, dy, dz vergrößert werden, oder wenn wir vom

Punkt mit Ortsvektor $\vec{r}$ zum Punkt $\vec{r} + \overrightarrow{dr}$

übergehen. Dabei ist $\overrightarrow{dr} = (dx, dy, dz)$

$dT = \dots\dots\dots\dots$ - ▷   5

39

Hier sind zwei Übungsaufgaben. Die Bezeichnungsweise ist verändert. Die Berechnung der beiden Doppelintegrale ist jeweils auf zwei Wegen möglich:

Integration nacheinander durchführen oder das Doppelintegral in ein Produkt aus zwei Integralen zerlegen.

$$\int\limits_{\xi=-1}^{0} \int\limits_{\eta=1}^{2} 2\,\xi^2 \eta \; d\xi \; d\eta = \dots\dots\dots\dots$$

$$\int\limits_{\varphi=0}^{\pi} \int\limits_{\psi=0}^{\frac{\pi}{2}} \sin\varphi \cos\psi \; d\varphi \; d\psi = \dots\dots\dots\dots$$

- ▷   40

74

Das gesuchte Trägheitsmoment des Rohrs läßt sich damit als Differenz der beiden bereits bekannten Zylinderträgheitsmomente berechnen:

$$\theta_{Rohr} = \theta_{voll} - \theta_{innen} = \frac{1}{2}\pi \rho \, L \, (R_2^4 - R_1^4)$$

Vergleich der Lösungsverfahren:

Beide Verfahren führen zum gleichen Ergebnis.

Die Zurückführung auf bereits gelöste oder ähnliche Probleme führt oft rascher zur Lösung, setzt aber Übersicht über die Struktur des Problemfeldes voraus. Nicht jedes Problem ist auf diese Weise lösbar.

Das systematische Lösungsverfahren führt – sofern jeder Schritt nur richtig ausgeführt wird – sicher zum Ergebnis, dauert manchmal aber länger.

- ▷   75

5

$$dT = \frac{\partial T}{\partial x}\, dx + \frac{\partial T}{\partial y}\, dy + \frac{\partial T}{\partial z}\, dz$$

Bilden Sie den Gradienten der Funktion

$$z = x^2 + y^2$$

grad z = ...

Der Gradient ist ein Vektor. Er steht senkrecht auf ....

Der Betrag des Gradienten ist ein Maß für ....

-------------------------------- ▷   6

40

1

2

Weitere Übungsaufgaben finden Sie im Lehrbuch auf Seite 60. Sie wissen ja, Übungs-aufgaben sollte man vorwiegend dann rechnen, wenn man sich noch nicht sicher fühlt.

-------------------------------- ▷   41

75

Mehrfachintegrale mit nicht konstanten Integrationsgrenzen

Im allgemeinen Fall des Mehrfachintegrals sind die Integrationsgrenzen nicht konstant. Dann ist die Reihenfolge, in denen die Integrationen durchgeführt werden, nicht mehr beliebig.

Im Lehrbuch beginnt der Gedankengang bei der Analyse der – im Prinzip bereits be-kannten – Flächenberechnung.

STUDIEREN SIE im Lehrbuch   15.2 Mehrfachintegrale mit nicht konstanten
                                   Integrationsgrenzen
                                   Lehrbuch, Seite 55 - 57

BEARBEITEN SIE DANACH Lehrschritt   -------------------------------- ▷   76

6

grad $z = (2x, 2y)$

Der Gradient steht senkrecht auf den Höhlenlinien oder den Niveauflächen.

Der Betrag des Gradienten ist ein Maß für die Änderung des Funktionswertes, wenn man sich um eine Längseinheit senkrecht zu den Niveauflächen bewegt.

....

Totales Differential und *Gradient* hängen eng zusammen. Das totale Differential gibt die Änderung des Funktionswertes bei Änderung der unabhängigen Variablen an. Diese Änderung ergibt sich als inneres Produkt aus

$\qquad$ Ortsänderung $\vec{dr}$ und *Gradient*: $df = \vec{dr} \cdot \vec{grad} f$

Diesen Zusammenhang sollte man behalten.

------------------------------- ▷   7

41

Koordinaten, Polarkoordinaten, Zylinderkoordinaten, Kugelkoordinaten

Polarkoordinaten sind inhaltlich bereits bekannt. Zylinderkoordinaten und Kugel-koordinaten sind neu. Sind bei bestimmten Problemstellungen Radial-, Zylinder- oder Kugelsymmetrien vorhanden, kann man sich oft schwierige Rechnungen erleichtern, wenn man ein geeignetes Koordinatensystem benutzt.

STUDIEREN SIE im Lehrbuch   · 15.4   Koordinaten

$\qquad\qquad$ 15.4.1 Polarkoordinaten

$\qquad\qquad$ 15.4.2 Zylinderkoordinaten

$\qquad\qquad$ 15.4.3 Kugelkoordinaten

$\qquad\qquad\qquad$ Lehrbuch, Seite 47 - 52

BEARBEITEN SIE DANACH Lehrschritt   ------------------------------- ▷   42

76

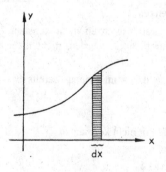

Der theoretisch interessante Aspekt dieses Abschnitts ist der Nachweis, daß bereits die Flächenberechnung systematisch auf ein Doppelintegral führt.

Die Flächenberechnung bei der Einführung der Integral-rechnung stellt den Sonderfall dar, daß eine Integration bereits ausgeführt ist.

Der Flächeninhalt der Streifen in y-Richtung mit der Grundfläche dx und der Höhe y ist bereits das Ergebnis der ersten Integration über y.

------------------------------- ▷   77

7

Mehrfachintegrale als allgemeine Lösung von Summierungsaufgaben

STUDIEREN SIE im Lehrbuch   15.1   Mehrfachintegrale als Lösung von
                                          Summierungsaufgaben
                                          Lehrbuch, Seite 43 - 44

BEARBEITEN SIE DANACH Lehrschritt   ---------------------------------- ▷   8

42

Ein Punkt P ist in Polarkoordinaten gegeben. Es wird durch zwei Größen definiert:

....

....

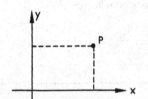

Zeichnen Sie die beiden Polarkoordinaten von P
ein.

---------------------------------- ▷   43

77

Die Betrachtung der Flächenberechnung zeigt uns, daß Mehrfachintegrale und die aus
Kapitel 6 bekannten bestimmten Integrale miteinander zusammenhängen. Die dort
eingeführten bestimmten Integrale bei der Flächenberechnung erkennen wir hier als
Doppelintegrale, bei denen eine Integration bereits ausgeführt ist.

Damit können wir die Mehrfachintegrale in bekannte Strukturen einordnen.

---------------------------------- ▷   78

8

Der Begriff des Mehrfachintegrals ist im Lehrbuch anhand eines konkreten Beispiels entwickelt. Der Gedankengang ist genauso aufgebaut wie die Lösung des Flächenproblems in Kapitel 6. Dort erhielten wir das Integral als Grenzwert einer Summe von Flächenstreifen.

Neu ist hier, daß wir nicht Flächenstreifen, sondern Volumenelemente aufsummieren. So ist das Volumen eines Quaders die Summe aller Teilvolumina.

$$V = \sum_i \Delta V_i$$

Jedes Teilvolumen ist das Produkt der Kanten $\Delta x_i, \Delta y_i, \Delta z_1$. Im Lehrbuch ist nicht erklärt, wie eine Aufsummierung der Teilvolumina systematisch durchgeführt wird. Dies ist grundsätzlich nicht schwer, würde die Überlegung hier jedoch nur belasten. Der Grenzübergang führt auf ein Integral.

$$V = \lim_i \sum_i \Delta V_i = \lim_i \sum_i \Delta x_i \, \Delta y_i \, \Delta z_i = \int dV = \int \ \ldots\ldots\ldots\ldots$$

-------------------------------- ▷   9

43

Länge r des Ortsvektors $\vec{r}$

Winkel φ mit der x-Achse

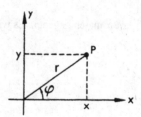

Leiten Sie aus der Zeichnung oben selbst die Transformationsformeln ab:

x = ...   r = ...

y = ...   tan φ = ...

Können Sie auch dies noch? φ = ...

-------------------------------- ▷   44

78

Wer neue Einzelheiten in bekannte Zusammenhänge einzuordnen vermag, lernt schneller, besser und sicherer. In der gleichen Zeit kann mehr Information verarbeitet werden, weil man sich weniger zu merken braucht.

Aus diesem Grunde sollte man bei der Bearbeitung eines neuen Stoffgebietes immer versuchen, neue Sachverhalte zu bereits bekannten in Beziehung zu setzen. Eine bewährte Regel dafür ist: Man suche Gemeinsamkeiten und Unterschiede.

Wer logische Beziehungen kennt, braucht sich weniger zu merken. Gedächtnislücken können dann oft selbständig durch schlußfolgerndes Denken geschlossen werden.

-------------------------------- ▷   79

9

$$V = \iiint dx\,dy\,dz$$

Wenn es sich um die Berechnung des Volumens eines Quaders handelt, können wir die Integrationsgrenzen angeben.

Tragen Sie die Integrationsgrenzen ein:

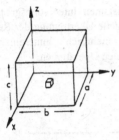

$$V = \int\limits_{x=\ldots} \int\limits_{y=\ldots} \int\limits_{z=\ldots} dx\,dy\,dz$$

------------------------------- ▷ 10

44

$$x = r\cos\varphi \qquad\qquad y = r\sin\varphi$$

$$r = \sqrt{x^2 + y^2} \qquad \tan\varphi = \frac{y}{x} \qquad \varphi = \arctan\frac{y}{x}$$

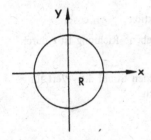

Geben Sie die Gleichung des Kreises mit Radius R in Polarkoordinaten an.

. . . .

------------------------------- ▷ 45

79

Kehren wir zur praktischen Berechnung von Mehrfachintegralen zurück.

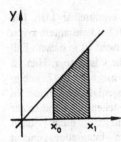

Beispiel: Flächeninhalt unter der Kurve y = x im Bereich $x_0 \le x \le x_1$.

Das Flächenintegral

$$A = \iint dA$$

führt in kartesischen Koordinaten zu dem Doppelintegral

$$A = \iint dx\,dy$$

Setzen Sie die Grenzen für beide Variablen ein!

$$A = \int\limits_{x=\ldots} \int\limits_{y=\ldots} dx\,dy$$

------------------------------- ▷ 80

10

$$V = \int\limits_{x=0}^{a} \int\limits_{y=0}^{b} \int\limits_{z=0}^{c} dx\, dy\, dz$$

Die praktische Berechnung von Mehrfachintegralen mit konstanten Integrationsgrenzen wird im nächsten Abschnitt gezeigt werden. Es ist die sinngemäße Übertragung der Regel für die Berechnung des bestimmten Integrals auf mehrfach hintereinander durchzuführende Integrationen. Es sind keine grundsätzlich neuen Operationen.

---------------------------------- ▷ 11

45

$r = R$

Hinweis: In Polarkoordinaten hat die Gleichung des Kreises eine genauso einfache Form wie in kartesischen Koordinaten die Gleichung einer Geraden parallel zur x-Achse: $y = a$

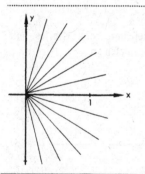

Skizzieren Sie die Funktion $r = \cos\varphi$

Für jede durch φ gegebene Richtung ist r durch $r = \cos\varphi$ gegeben.

Nun können Sie für jeden Strahl den Wert für r ausrechnen und abtragen.

---------------------------------- ▷ 46

80

$$A = \int\limits_{x=x_0}^{x_1} \int\limits_{y=0}^{x} dx\, dy$$

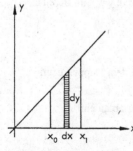

Die Integrationsgrenzen für x sind unmittelbar klar. Die Integrationsgrenzen für y nicht. y läuft bei konstantem x von 0 zum Funktionswert y. Der Funktionswert ist in diesem Fall $y = x$. Die obere Integrationsgrenze für y ist also x. Hier ist die Reihenfolge der Integrationen nicht mehr beliebig. Regel: Als inneres Integral wird dasjenige genommen, in dessen Integrationsgrenzen Variable stehen, über die später integriert wird. Als letztes Integral bleibt dann konsequenterweise eines mit festen Integrationsgrenzen übrig. Formen Sie das Integral oben so um, daß durch eine Klammer das innere Integral gekennzeichnet ist! $A = \int [\int \ldots\ldots]$ --------------- ▷ 81

11

Mehrfachintegrale mit konstanten Integrationsgrenzen

STUDIEREN SIE im Lehrbuch   15.2   Mehrfachintegrale mit konstanten
                                          Integrationsgrenzen

                                  15.2.1 Zerlegung eines Mehrfachintegrals in ein Produkt
                                          von Integralen

                                          Lehrbuch, Seite 44 - 47

BEARBEITEN SIE DANACH Lehrschritt   -------------------------------- ▷   12

46

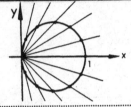

Hinweis: Die Funktion ist sowohl für positive wie
negative Werte von φ definiert.

Skizzieren Sie die Funktion $r = \cos^2 \varphi$!

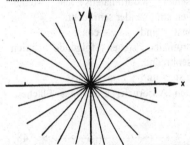

-------------------------------- ▷   47

81

$$A = \int_{x=x_0}^{x_1} \left[\int_{y=0}^{x} dy \right] dx$$

Die obige Lösung ergibt sich aus der Regel:

Das innere Integral ist immer dasjenige, in dessen Integrationsgrenzen Variable stehen, über
die erst später integriert wird.

In diesem Fall ist es die Variable x, über die später integriert wird.

Berechnen Sie jetzt das innere Integral oben und setzen Sie es ein

$$A = \int_{x=x_0}^{x_1} \left[\ldots\ldots\ldots \right] dx$$

-------------------------------- ▷   82

12

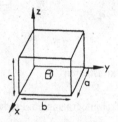

Das Volumen des Quaders ist ein Dreifachintegral mit konstanten Integrationsgrenzen

$$V = \int\limits_{x=0}^{a} \int\limits_{y=0}^{b} \int\limits_{z=0}^{c} dx\, dy\, dz$$

Sicherheitshalber wird bei der unteren Integrationsgrenze angegeben, welche Variable gemeint ist.

Das Integral können Sie lösen, indem Sie nacheinander über jede Variable integrieren. Die jeweils anderen Variablen werden dabei als Konstante betrachtet. Die Reihenfolge ist beliebig. Führen Sie zunächst nur die Integration über x aus.

$$V = \ldots\ldots\ldots\ldots$$

Hinweis zum Sprachgebrauch: „Integriere *über* x" bedeutet: Führe die Integration für die Variable x aus.   ------------------------------- ▷ 13

47

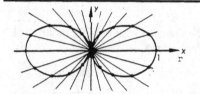

$$r = \cos^2 \varphi$$

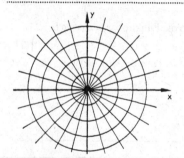

Im kartesischen Koordinatensystem stehen folgende Linien aufeinander senrkecht:
$$x = \text{const} \quad \text{und} \quad y = \text{const}$$
In Polarkoordinaten stehen folgende Linien aufeinander senkrecht:
$$r = \text{const} \quad \text{und} \quad \varphi = \text{const}$$
Leiten Sie den Ausdruck ab für das Flächenelement dA.

$$dA = \ldots\ldots\ldots\ldots$$

------------------------------- ▷ 48

82

$$A = \int\limits_{x=x_0}^{x_1} [x]\, dx$$

Dieses Integral bietet als bestimmtes Integral keine Schwierigkeiten mehr und ergibt:

$$A = \ldots\ldots\ldots\ldots$$

------------------------------- ▷ 83

13

$$V = a \int\limits_{y=0}^{b} \int\limits_{z=0}^{c} dy\, dz$$

Alles richtig, keine Schwierigkeiten   -------------------------- ▷ 16

Erläuterung gewünscht   -------------------------- ▷ 14

48

$dA = r\, d\varphi\, dr$

Wenn dA bekannt ist, können wir die Fläche eines Kreises unmittelbar berechnen:

$$A = \int dA$$

Das Integral läßt sich in Polarkoordinaten als Doppelintegral hinschreiben. Bei den Grenzen muß beachtet werden, daß der gesamte Kreis bedeckt wird. Das bedeutet: r läuft von 0 bis R und φ läuft von 0 bis 2π.

$A = \ldots\ldots\ldots\ldots$ ------------- ▷ 49

83

$$A = \frac{x_1^2 - x_0^2}{2}$$

Gegeben sei folgendes Integral

$$I = \int\limits_{u=a}^{v} \int\limits_{v=1}^{2} u \cdot v\, du\, dv$$

Formen Sie das Integral so um, daß das zunächst zu lösende innere Integral in der Klammer steht:

$$I = \int \left[\int \ldots\ldots \right]$$

-------------------------- ▷ 84

14

Gegeben war: $\displaystyle\int_{x=0}^{a}\int_{y=0}^{b}\int_{z=0}^{c} dx\,dy\,dz$

Die Aufgabe war, das Dreifachintegral über x zu integrieren. Die Regel hieß:

Bis auf x werden alle übrigen Variablen als Konstante behandelt.

Wir klammern jetzt alles ein, was als Konstante betrachtet werden kann. Dann erhalten wir:

$$V = \int_{x=0}^{a}\left[\int_{y=0}^{b}\int_{z=0}^{c} dx\right]\left[dy\,dz\right]$$

Nun stellen wir um und fassen alle in Klammern stehenden Größen und Symbole in einer Klammer zusammen.

$$V = \int_{x=0}^{a}\left[\,\ldots\ldots\ldots\,\right]$$

---------------------------------- ▷ 15

49

$$A = \int_{0}^{R}\int_{0}^{2\pi} r\,d\varphi\,dr$$

Dieses Integral ist leicht zu berechnen.

Die Fläche des Kreises ist

$$A = \int_{0}^{R}\int_{0}^{2\pi} r\,d\varphi\,dr = \ldots\ldots\ldots\ldots$$

---------------------------------- ▷ 50

84

$$I = \int_{v=1}^{2}\left[\int_{u=a}^{v} u\cdot v\,du\right]dv$$

Zunächst muß über u integriert werden, denn in der Integrationsgrenze steht die Variable v. Damit tritt v im Integranden auf. Über v muß also später integriert werden.

Ordnen Sie das Dreifachintegral

$$Q = \int_{x=0}^{y^2}\int_{y=0}^{z}\int_{z=0}^{1} xyz\,dx\,dy\,dz$$

$$Q = \int\left\{\int\left[\quad\right]\right\}$$

---------------------------------- ▷ 85

15

$$V = \int\limits_{x=0}^{a} dx \left[\int\limits_{y=0}^{b} \int\limits_{z=0}^{c} dy\, dz \right]$$

Jetzt sieht alles einfacher aus.

Das Integral $\int\limits_{x=0}^{a} dx$ können wir ausrechnen, die Klammer bleibt stehen.

$$V = \int\limits_{x=0}^{a} dx \left[\int\limits_{y=0}^{b} \int\limits_{z=0}^{c} dx\, dz \right] = (a-0) \left[\int\limits_{y=0}^{b} \int\limits_{z=0}^{c} dy\, dz \right]$$

Die Klammern haben geholfen, die Übersicht zu verbessern. Jetzt können wir sie wieder weglassen und erhalten:

$V = \dots\dots\dots\dots$

------------------------------- ▷ 16

50

$A = \pi R^2$

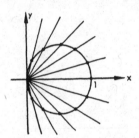

Wir hatten die Funktion $r = \cos\varphi$ skizziert.

Wie heißt die Funktion in kartesischen Koordinaten?

Lösungshinweis:

Drücken Sie zunächst x und y durch φ aus.

Drücken Sie dann y durch x aus.

$y = \dots\dots\dots\dots$

------------------------------- ▷ 51

85

$$Q = \int\limits_{z=0}^{1} \left\{ \int\limits_{y=0}^{z} \left[\int\limits_{x=0}^{y^2} xyz\, dx \right] dy \right\} dz$$

Bei dieser Umformung mußte man schon etwas nachdenken. Lösen Sie das Integral nun!

$Q = \dots\dots\dots\dots$

Lösung gefunden

------------------------------- ▷ 89

Erläuterung oder Hilfe erwünscht

------------------------------- ▷ 86

16

$$V = a \cdot \int\limits_{y=0}^{b} \int\limits_{z=0}^{c} dy\, dz$$

Integrieren Sie das Doppelintegral nun über y:

$$V = \dots\dots\dots\dots$$

-------------------------------- ▷ 17

51

$$y^2 = x(1-x) = x - x^2 \qquad \text{oder} \qquad y = \sqrt{x(1-x)}$$

Hinweis: Es ist die Gleichung eines Kreises.

Zentrum $x_0 = \tfrac{1}{2}, \quad y_0 = 0$

Radius $R = \tfrac{1}{2}$

Alles richtig   -------------------------------- ▷ 53

Fehler gemacht oder Erläuterung erwünscht   -------------------------------- ▷ 52

86

Bei der Umordnung muß folgende Maxime beachtet werden:

Als inneres Integral muß immer dasjenige gewählt werden, in dessen Grenzen Variable stehen, über die später integriert werden kann!

> Es ist verboten, über eine Variable zu integrieren, die in den Grenzen von Integralen steht, die erst später ausgeführt werden.

Gegeben war: $Q = \int\limits_{z=0}^{1} \int\limits_{y=0}^{z} \int\limits_{x=0}^{y^2} xyz\, dx\, dy\, dz$

Lösen Sie jetzt zunächst das innere Integral und setzen Sie das Ergebnis ein:

$$Q = \int\limits_{z=0}^{1} \int\limits_{y=0}^{z} \Big[\dots\dots \Big] dy\, dz$$

-------------------------------- ▷ 87

$$\boxed{17}$$

$$V = a \cdot b \cdot \int_{z=0}^{c} dz$$

....

Fehler oder Schwierigkeiten   ---------------------------------- ▷ 18

Alles klar   ---------------------------------- ▷ 19

$$\boxed{52}$$

Es war $r = \cos\varphi$. Gesucht: Gleichung in kartesischen Koordinaten.

Bekannt sind uns die Transformationsgleichungen $x = r\cos\varphi$ $y = r\sin\varphi$

Wir setzen ein $r = \cos\varphi$ und erhalten: $x = \cos\varphi \cdot \cos\varphi$ $y = \cos\varphi \cdot \sin\varphi$

Wir formen um: $x = \cos^2\varphi$ $y = \cos\varphi \cdot \sqrt{1 - \cos^2\varphi}$

Wir setzen $\sqrt{x} = \cos\varphi$ in die Gleichung für y ein. Jetzt erhalten wir

$$y = \sqrt{x}\sqrt{1-x}$$
$$y = \sqrt{x(1-x)}$$

Die Gleichung eines Kreises mit $R = \frac{1}{2}$ und Zentrum $x_0 = \frac{1}{2}$; $y_0 = 0$ ist:

$$(x - \tfrac{1}{2})^2 + y^2 = (\tfrac{1}{2})^2$$ ---------------------------------- ▷ 53

$$\boxed{87}$$

$$Q = \int_{z=0}^{1} \int_{y=0}^{z} yz\frac{y^4}{2} \, dy \, dz$$

Erläuterung:

Die Integration über x ergibt $\frac{x^2}{2}$; wenn dann die Grenzen – nämlich 0 und y^2 – eingesetzt werden, ergibt sich das obige Resultat. Führen wir jetzt den zweiten Schritt durch und integrieren wir über y.

Wir erhalten dann:

$$Q = \int_{z=0}^{1} \Big[\ldots\ldots\ldots \Big] dz$$

---------------------------------- ▷ 88

Wo sind die Schwierigkeiten? Das bestimme Integral ist es doch nicht:

$$\int_{y=0}^{b} dy = b$$

Vielleicht ist es dies: Scheinbar willkürlich wird eine Variable herausgegriffen und über diese Variable integriert, während die übrigen Variablen als Konstante behandelt werden. So etwas ähnliches kennen Sie bereits von der partiellen Integration her. Wenn nach einer Variablen differenziert wird, werden die übrigen Variablen als Konstante behandelt.

Im Zweifel noch einmal mit Lehrschritt 12 neu beginnen.

-------------------------------- ▷   19

Zylinderkoordinaten:

Zeichnen Sie die Zylinderkoordinaten des Punktes P. Die Zylinderkoordinaten sind:

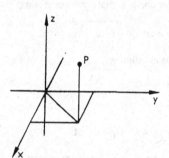

1. . . . .

2. . . . .

3. . . . .

-------------------------------- ▷   54

$$Q = \int_{z=0}^{1} \frac{z^6}{2 \cdot 6} \, z\,dz$$

Das letzte Integral gibt dann:

$$Q = \ldots \ldots \ldots \ldots$$

-------------------------------- ▷   89

19

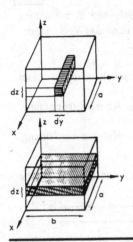

Zu lösen sei das Volumenintegral $\int\limits_{x=0}^{a}\int\limits_{y=0}^{b}\int\limits_{z=0}^{c} dx \cdot dy \cdot dz$

Die geometrische Bedeutung der Integration über x: Volumenelemente werden in x-Richtung aneinander gelegt. Wir erhalten eine Säule mit der Grundfläche $dy \cdot dz$ und der Länge a.

$$V = \int\limits_{y=0}^{b}\int\limits_{z=0}^{c} a \cdot dy \cdot dz$$

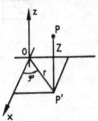

Geometrische Bedeutung der Integration über y: Die Säulen werden in y-Richtung aneinander gelegt. Es entsteht eine Scheibe mit der Grundfläche $a \cdot b$ und der Dicke dz.

$$V = \int\limits_{z=0}^{c} a \cdot b \cdot dz$$

----------------------------------- ▷ 20

54

r = Abstand des Punktes P' vom Nullpunkt
     P' ist die Projektion von P auf die x-y-Ebene)

φ = Winkel der Strecke OP' mit der positiven x-Achse

z = Höhe

Geben Sie die Transformationsformeln an:

$x = \dots\dots\dots\dots$ $y = \dots\dots\dots\dots$ $z = \dots\dots\dots\dots$

----------------------------------- ▷ 55

89

$$Q = \frac{1}{2 \cdot 68} = \frac{1}{96}$$

Die Reihenfolge, in der die Integrationen bei Mehrfachintegralen ausgeführt werden können, läßt sich sehr einfach merken, wenn man die Regel in die Form eines Verbotes kleidet:

> Es ist verboten, über eine Variable zu integrieren, die in den Grenzen von Integralen steht, die erst später ausgeführt werden.

Ordnen Sie nach dieser Maxime das folgende Vierfachinteral. Betrachten Sie die Aufgabe als Herausforderung an Ihren Ordnungssinn!

$$I = \int\limits_{s=0}^{v^2}\int\limits_{v=0}^{u}\int\limits_{t=1}^{2}\int\limits_{u=1}^{\sqrt{t^2+1}} du\, dv\, ds\, dt \qquad I = \int\left(\int\left\{\int\left[\int\quad\right]\right\}\right)$$

----------------------------------- ▷ 90

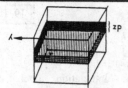

20

Wird über z integriert, werden diese Scheiben in z-Richtung aufsummiert. Als Ergebnis erhalten wir dann das Volumen des Quaders: $V = a \cdot b \cdot c$.

Die erste Integration entspricht also der Addition der Volumenelemente in einer Koordinatenrichtung. Dadurch entsteht eine Säule.

Die zweite Integration ist die Addition der Säulen in der zweiten Koordinatenrichtung. Dadurch entsteht eine Scheibe.

Die dritte Integration ist die Addition der Scheiben in der dritten Koordinatenrichtung. Dadurch entsteht der Quader.

Im Lehrbuch wurde die Masse eines Luftquaders berechnet. Sie können eine zusätzliche Erläuterung dazu haben.

Rechengang im Lehrbuch verstanden ----------------------------------- ▷   25

Wünsche Erläuterung der Rechnung im Lehrbuch ----------------------------- ▷   21

55

$$x = r \cos \varphi \qquad\qquad y = r \sin \varphi \qquad\qquad z = z$$

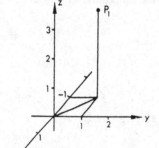

Geben Sie die Zylinderkoordinaten des Punktes $P_1 = (-1, 1, 3)$ an.

$r_1 = \ldots\ldots\ldots$

$\tan \varphi_1 = \ldots\ldots\ldots$

$z_1 = \ldots\ldots\ldots$

$\varphi_1 = \ldots\ldots\ldots$

----------------------------------- ▷   56

90

$$I = \int\limits_{t=1}^{2} \left(\int\limits_{u=1}^{\sqrt{t^2+1}} \left\{ \int\limits_{v=0}^{u} \left[\int\limits_{s=0}^{v^2} ds \right] dv \right\} du \right) dt$$

Wer Spaß hat, möge das Integral ausrechnen.

$I = \ldots\ldots\ldots\ldots$

----------------------------------- ▷   91

$\boxed{21}$

Es sollte die Masse der Luft berechnet werden, die sich in einem Quader befindet. Dabei wurde berücksichtigt, daß die Dichte der Luft nicht konstant ist, sondern mit der Höhe abnimmt. Dadurch wurden die Formeln unübersichtlich. Die Dichte der Luft war gegeben durch den Ausdruck:

$$\rho = \rho_o \, e^{-\alpha z} \quad \text{mit} \quad \alpha = \frac{\rho_o}{p_o} g$$

Machen wir uns das Leben zunächst einmal leichter. Das Problem können wir lösen, wenn die Dichte konstant wäre:

$$\rho = \rho_o$$

Rechnen Sie das Beispiel auf den Seiten 45-46 im Lehrbuch in dieser vereinfachten Form. Ersetzen Sie $\rho_o \cdot e^{-\alpha z}$ durch ρ_o und führen Sie die Rechnung auf einem Zettel durch.

Danach gehen Sie auf -------------------------------- ▷   22

$\boxed{56}$

$$r_1 = \sqrt{2} \qquad \tan\varphi_1 = -1 \qquad\qquad z_1 = 3 \qquad\qquad \varphi_1 = -45°$$

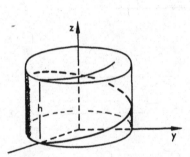

Geben Sie in Zylinderkoordinaten die Gleichung der Schraubenlinie mit dem Radius R und der Ganghöhe h an.

h ist der Höhengewinn pro Umlauf.

. . . .

. . . .

-------------------------------- ▷   57

$\boxed{91}$

$$I = \frac{163}{180}$$

Rekapitulieren wir noch einmal die Ordnungsmaxime in Verbotsform:

Es ist verboten: . . . .

. . . .

. . . .

. . . .

. . . .

(Ergänzen Sie immer mit eigenen Worten)

-------------------------------- ▷   92

22

Als Ergebnis Ihrer Rechnung müssen Sie jetzt erhalten haben

$$M = \rho_o \, a \cdot b \cdot h$$

In der vorliegenden Form war das Integral insofern vereinfacht, als die von z abhängige Dichte durch eine Konstante ersetzt war.

Wir wenden uns nun wieder dem ursprünglichen Ansatz zu.

Zuerst eine Vorübung $\int\limits_0^h e^{-\alpha z} dz = \ldots\ldots\ldots\ldots$

---------------------------------- ▷   23

57

$$r = R$$

$$z = \frac{h\varphi}{2\pi}$$

Alles richtig   ---------------------------------- ▷   59

Fehler gemacht oder Erläuterung gewünscht   ---------------------------------- ▷   58

92

Es ist verboten, über eine Variable zu integrieren, die in den Grenzen von Integralen steht, die erst später ausgeführt werden.

Bemerkung: Wichtig ist, daß Sie dies sinngemäß ergänzt haben.

Weitere Übungsaufgaben stehen im Lehrbuch.

Übungsaufgaben sollte man gar nicht immer im direkten Anschluß an die Arbeit hier rechnen. Wichtig ist , daß man die Aufgaben noch nach vier Tagen oder Wochen kann. Daraus folgt, daß beim Studium immer wieder einmal Übungsaufgaben vorausgegangener Kapitel gerechnet werden sollten.

---------------------------------- ▷   93

23

$$\int\limits_{0}^{h} e^{-\alpha z}\,dz = \left[-\frac{1}{\alpha}\,e^{-\alpha z} \right]_{0}^{h} = \frac{1}{\alpha}(1 - e^{-\alpha h})$$

Wenn Sie diese Aufgabe lösen konnten, so haben Sie alle Operationen verstanden, die Sie beherrschen müssen. Das Integral auf den Seiten 45-46 kann nun durch drei aufeinander folgende Integrationen gelöst werden.

Die Aufgabe ist hier noch einmal hingeschrieben. Die Integrationsgrenzen sind ausführlich notiert.

$$M = \int\limits_{z=0}^{h} \int\limits_{y=0}^{b} \int\limits_{x=0}^{a} \rho_o \cdot e^{-\alpha z}\,dx\,dy\,dz = \ldots\ldots\ldots\ldots$$

------------------------------ ▷ 24

58

Die Schraubenlinie ist dadurch gekennzeichnet, daß der Abstand r von der z-Achse konstant bleibt und gleich R ist. Die Projektion der Schraubenlinie auf der x-y-Ebene ist ein Kreis. Für den Kreis kennen wir bereits die Gleichung in Polarkoordinaten, sie gilt auch hier: $r = R$

Die Höhe z hängt von dem Winkel φ ab. Bei einem Umlauf nimmt der Winkel um 2π zu. Die Höhe nimmt um h zu. Das führt zu der zweiten Gleichung.

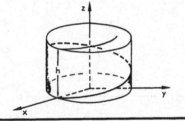

$$z = h\,\frac{\varphi}{2\pi}$$

------------------------------ ▷ 59

93

Kreisfläche in kartesischen Koordinaten

Die Fläche eines Kreises brauchten wir nicht zu berechnen. Wir kennen sie bereits. Sie ist in Polarkoordinaten berechnet worden. Dennoch ist die Berechnung in kartesischen Koordinaten sehr lehrreich.

a) Sie werden erkennen, daß die Berechnung auch in kartesischen Koordinaten möglich ist.

b) Sie werden weiter erkennen, welchen Vorteil die Benutzung passender Koordinatensysteme bietet.

STUDIEREN SIE im Lehrbuch   15.6   Kreisfläche in kartesischen Koordinaten

Lehrbuch, Seite 58 - 59

BEARBEITEN SIE DANACH Lehrschritt   ------------------------------ ▷ 94

24

$$M = \frac{a \cdot b \cdot \rho_o}{\alpha}\, (1 - e^{-\alpha h})$$

Das ist das Ergebnis auf Seite 46 des Lehrbuches.

Schwierigkeiten treten meist dadurch auf, daß die Konstanten Verwirrung stiften oder nicht korrekt mitgeführt werden.

-------------------------------- ▷ 25

59

Das Volumenelement in Zylinderkoordinaten können Sie selbst herleiten, falls Ihnen das Flächenelement in Polarkoordinaten geläufig ist.

Es steht in der Tabelle im Lehrbuch, Seite 52. Sehen Sie das nur nach, wenn Sie wirklich Schwierigkeiten mit der Ableitung haben.

$$dV = \ldots \ldots \ldots \ldots$$

-------------------------------- ▷ 60

94

Das Problem: Ein Steinmetz hat aus einem Sandstein die Spitze eines Aussichtsturmes nach Zeichnung fertiggestellt. Es ist ein rotationssymmetrischer Körper. Die Dichte des Sandsteins liegt zwischen 2,4 und 2,7 t/m^3. Der Steinmetz besitzt einen Kleintransporter, der maximal mit 3 t belastet werden kann. Kann er den Transporter benutzen?

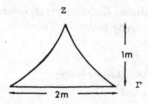

Hier gibt es zwei Probleme zu lösen:

1. Problem: Volumen des Körpers
2. Problem: Gewicht des Körpers, wobei die Dichte nicht genau bekannt ist, sondern nur in Grenzen eingeschlossen werden kann.

Die Gleichung der Begrenzungskurve lautet:

$$z = 1 - 1,5\, r + 0,5\, r^2$$

Hilfe und Erläuterung
Lösung

-------------------------------- ▷ 95
-------------------------------- ▷ 98

25

Mehrfachintegrale mit konstanten Integrationsgrenzen bieten keine grundsätzlichen Schwierigkeiten. Bei der Rechnung muß man Geduld bewahren, denn es sind mehrere Integrationen nacheinander auszuführen. Gegeben sei das Doppelintegral:

$$\int_{x=0}^{1} \int_{y=0}^{2} x^2 \, dx \, dy$$

Durch eine Klammer soll das *innere Integral* zusammengefaßt werden. Das innere Integral wird als erstes ausgerechnet.

Welcher Ansatz ist richtig? Integrationsgrenzen beachten!

$$\int_{y=0}^{2} \left[\int_{x=0}^{1} x^2 \, dx \right] dy$$ ------------------------------- ▷ 26

$$\int_{x=0}^{2} \left[\int_{y=0}^{1} x^2 \, dx \right] dy$$ ------------------------------- ▷ 27

60

$$dV = r \, d\varphi \, dr \, dz$$

Kugelkoordinaten sind durch drei Größen gegeben:

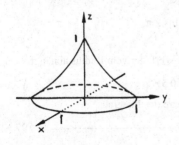

1. r = Länge des Ortsvektors

2. Winkel ϑ des Ortsvektors mit der ..... - Achse

    Er heißt: ....

3. Winkel φ, den die Projektion des Ortsvektors auf die x-y-Ebene mit der ..... -Achse einschließt.

    Er heißt: ....

------------------------------- ▷ 61

95

Als erstes Problem lösen wir das Volumenproblem: Der Querschnitt durch den Körper ist in der Abbildung gezeichnet. Die Begrenzungskurve ist analytisch gegeben in der Form:

$$z = 1 - 1,5 \, r + 0,5 \, r^2$$

Bei der Problemlösung versuchen wir bekannte und unbekannte Größen zu ordnen:

Bekannt ist: analytischer Ausdruck für die Begrenzung des Körpers

Unbekannt: Volumen

Lösungsansatz: Berechnung des Volumens durch Integration

------------------------------- ▷ 96

26

RICHTIG!

Stehen die Integralzeichen mit den daran vermerkten Integrationsgrenzen nicht in der richtigen Reihenfolge, können und müssen sie umgeordnet werden. Das ist hier geschehen.

Ordnen Sie zur Übung noch folgendes Dreifachintegral:

$$\int\limits_{x=-1}^{1} \int\limits_{y=0}^{1} \int\limits_{z=1}^{2} x^2 y \, dx \, dy \, dz$$

Wenn jeweils das innere Integral ausgerechnet werden soll, ergibt sich folgende Schreibweise (tragen Sie die Grenzen ein):

$$\int\limits_{\cdots}^{\cdots} \left\{ \int\limits_{\cdots}^{\cdots} \left[\int\limits_{\cdots}^{\cdots} x^2 y \, dx \right] dy \right\} dz$$ SPRINGEN SIE JETZT auf Lehrschritt ---- ▷ 30

61

z-Achse   Polwinkel
x-Achse   Meridian

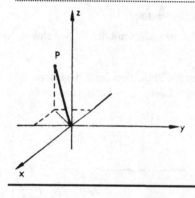

In der Skizze sind Ortsvektor und Projektion des Ortsvektors auf die x-y-Ebene gezeichnet.

Zeichnen Sie Polwinkel ϑ und Meridian φ ein!

---------------------------------- ▷ 62

96

Wahl des Koordinatensystems: Da es sich um einen rotationssymmetrischen Körper handelt, bieten sich Zylinderkoordinaten an.

$$V = \int\limits_{\varphi=0} \int\limits_{r=0} \int\limits_{z=0} r \, d\varphi \, dr \, dz$$

Bestimmung der Grenzen:

Der Winkel φ geht von 0 bis 2π,

r geht von 0 bis 1,

z geht von 0 bis zu einem Wert, der vom Radius abhängt.

$z = 0$ bis $z = 1 - 1{,}5\,r + 0{,}5\,r^2$

Dieses z ist die obere Grenze des Integrals.

$V = \ldots\ldots\ldots\ldots$ ---------------------------------- ▷ 97

27

Hier ist Ihnen ein Fehler unterlaufen. So einfach die Auflösung der Mehrfachintegrale mit konstanten Integrationsgrenzen scheint, an einer Stelle muß man höllisch aufpassen:

Wird über eine Variable integriert, müssen die für die
Variable geltenden Integrationsgrenzen eingesetzt werden.

Im vorliegenden Fall bedeutet es: Die Grenzen müssen umgeordnet werden.

Gegeben war das Integral $\displaystyle\int_{x=0}^{1}\int_{y=0}^{2} x^2\, dx\, dy$

Es soll zuerst über x integriert werden. Schreiben Sie die Integrationsgrenzen so, daß das innere Integral zuerst gerechnet werden kann:

$$\int_{...}^{...}\left[\int_{...}^{...} x^2\, dx\right] dy$$

------------------------------- ▷   28

62

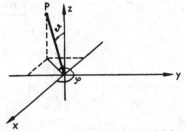

Geben Sie die Transformationsgleichungen an. Sie können Sie aus der Zeichnung ablesen:

$x = \dots\dots\dots\dots$

$y = \dots\dots\dots\dots$

$z = \dots\dots\dots\dots$

------------------------------- ▷   63

97

Damit erhalten wir: $V = \displaystyle\int_{\varphi=0}^{2\pi}\int_{z=0}^{1-1,5r+0,5r^2}\int_{r=0}^{1} r\, dr\, dz\, d\varphi$

Die Integration über φ können wir sofort ausführen:

$$V = 2\pi \int_{z=0}^{1-1,5r+0,5r^2}\int_{r=0}^{1} r\, dr\, dz$$

Nach unserem Verbot dürfen wir nun nicht zuerst über r integrieren, denn r steht in den Grenzen von z. Wir müssen also zunächst über z integrieren und dann über r:

$$V = 2\pi \int_{r=0}^{1} \dots\dots\dots\dots$$

------------------------------- ▷   98

28

$$\int_{y=0}^{2} \left[\int_{x=0}^{1} x^2 \, dx \right] dy$$

....

Jetzt kann das innere Integral ausgerechnet werden. Dazu werden die für die Variable x maßgebenden Grenzen eingesetzt.

$$\int_{y=0}^{2} \left[\, \ldots\ldots\ldots \, \right] dy$$

------------------------------------- ▷ 29

63

$x = r \sin \vartheta \cos \varphi$

$y = r \sin \vartheta \sin \varphi$

$z = r \cos \vartheta$

....

Alles richtig   ------------------------------- ▷ 66

Fehler gemacht oder Schwierigkeiten   ------------------------------- ▷ 64

98

$$V = 2\pi \int_{r=0}^{1} (r - 1,5\, r^2 + 0,5\, r^3) \, dr$$

$$= 2\pi \left[\frac{1}{2} r^2 - \frac{1}{2} r^3 + \frac{1}{8} r^4 \right]_0^1$$

$$= \frac{\pi}{4}$$

Das Volumen beträgt also $\frac{\pi}{4} \, \mathrm{m}^3$.

Die Masse ist damit höchstens: $M = \frac{\pi}{4} \cdot 2,7 \, \mathrm{m}^3 \cdot \frac{t}{m^3} = 2,1 \, t$

Der Stein kann transportiert werden.   ------------------------------- ▷ 99

29

$$\int\limits_{y=0}^{2} \left[\frac{1}{3} \right] dy$$

1. Ein Mehrfachintegral mit konstanten Integrationsgrenzen läßt sich auf die Berechnung bestimmter Integrale zurückführen.
2. Bei der Ausführung einer Integration über eine Variable sind die zu dieser Variablen gehörenden Grenzen einzusetzen.

Gegeben sei das Mehrfachintegral: $\int\limits_{x=-1}^{1} \int\limits_{y=0}^{1} \int\limits_{z=1}^{2} x^2 y\, dx\, dy\, dz$

Ordnen Sie die Grenzen so um, daß die Integrale von innen nach außen berechnet werden können:

.... ------ ▷ 30

64

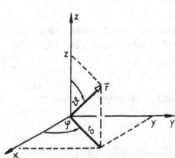

Gesucht sind die Transformationsgleichungen für Kugelkoordinaten. Gegeben seien die Kugelkoordinaten, nämlich Länge des Ortsvektors r, Polwinkel ϑ und Meridian φ.

Als Hilfsgröße berechnet man zunächst die Länge der Projektion des Ortsvektors auf die x-y-Ebene. Sie ergibt sich zu $r \sin \vartheta = r_0$.

Von dieser Hilfsgröße lassen sich jetzt die x- und y-Komponenten ableiten:

$x = (r \sin \vartheta) \cos \varphi$ $y = (r \sin \vartheta) \sin \varphi$

Das ist die bekannte Beziehung bei Polarkoordinaten. Wichtig ist hier nur, daß wir von der *Projektion* des Ortsvektors auf die x-y-Ebene ausgehen.

------------------------------------ ▷ 65

99

Berechnen Sie das Trägheitsmoment des abgebildeten Quaders mit den Kanten a, b und c bei Drehung um die x-Achse.

Hinweise:

1. Verwenden Sie kartesische Koordinaten.

2. Der Abstand r von der Drehachse beträgt

$$r^2 = y^2 + z^2$$

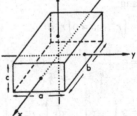

$\theta = \ldots\ldots\ldots\ldots\ldots$

Hilfe und Erläuterung   ------------------------------------ ▷ 100

Lösung gefunden   ------------------------------------ ▷ 101

30

$$\int\limits_{z=1}^{2}\left\{\int\limits_{y=0}^{1}\left[\int\limits_{x=-1}^{1}x^2y\,dx\right]dy\right\}dz$$

Berechnen Sie jetzt dieses Integral:

Das Ergebnis ist ein Zahlenwert:

....

--------------------------------- ▷ 31

65

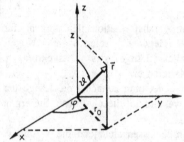

Die z-Komponente ergibt sich aus dem Polwinkel und der Länge des Ortsvektors r.

$$z = r\cos\vartheta$$

Bei Kugelkoordinaten muß man sich die Definition des *Polwinkels* und des *Meridians* merken.

Das Volumenelement in Kugelkoordinaten braucht man nicht auswendig zu wissen. Wichtig ist, daß man

    a) die Herleitung einmal verstanden hat;

    b) weiß, daß man es im Bedarfsfall in der Übersicht im Lehrbuch, Seite 52, findet.

--------------------------------- ▷ 66

100

Rechengang:

$$\theta = \int r^2\,dm = \rho\int r^2 dV$$

$$= \rho\int\limits_{x=-\frac{a}{2}}^{\frac{a}{2}}\int\limits_{y=-\frac{b}{2}}^{\frac{b}{2}}\int\limits_{z=-\frac{c}{2}}^{\frac{c}{2}}(y^2+z^2)\,dx\,dy\,dz$$

$$= \rho\int\limits_{-\frac{a}{2}}^{\frac{a}{2}}dx\int\limits_{-\frac{b}{2}}^{\frac{b}{2}}y^2 dy\int\limits_{-\frac{c}{2}}^{\frac{c}{2}}dz + \int\limits_{-\frac{a}{2}}^{\frac{a}{2}}dx\int\limits_{-\frac{b}{2}}^{\frac{b}{2}}dy\int\limits_{-\frac{c}{2}}^{\frac{c}{2}}z^2 dz$$

$$= \rho\frac{abc}{12}(b^2+c^2)$$

Mit $M = \rho\cdot a\cdot b\cdot c$ als Masse des Quaders: $\theta = $ ....

--------------------------------- ▷ 101

31

$\frac{1}{3}$

....

Einfach zu rechnen ist der Sonderfall, bei dem sich der Integrand in ein Produkt von Funktionen zerlegen läßt, die jeweils nur von einer Variablen abhängen.

Welcher Integrand ist ein *Produkt* von Funktionen, die jeweils nur von einer Variablen abhängen?

A) $\int\limits_{x=0}^{2} \int\limits_{y=1}^{2} \frac{x^2}{y^2}\, dx\, dy$ B) $\int\limits_{x=0}^{2} \int\limits_{y=1}^{2} x(x+\frac{1}{y^2})\, dx\, dy$

A)   ---------------------------- ▷ 32
B)   ---------------------------- ▷ 33
Sowohl A) wie B)   ---------------------------- ▷ 34

66

In der Übersicht im Lehrbuch auf Seite 52 sind die Beziehungen zwischen den Koordinatensystemen systematisch zusammengestellt.

Übersichten sind erst dann nützlich, wenn man die Einzelheiten verstanden hat.

Übersichten sind Informationsspeicher, auf die man jederzeit zurückgreifen kann – und dieses Zurückgreifen sollte man üben.

Bei der künftigen Lösung von Aufgaben im Rahmen dieses Kapitels, sollten Sie jedes Problem daraufhin analysieren, welche Koordinaten dem Problem angemessen sind.

In der Übersicht finden Sie dann die Umrechnungsformeln und den Ausdruck für Flächen- bzw. Volumenelemente.

Jetzt aber ist eine PAUSE gerechtfertigt.

                                   ---------------------------- ▷ 67

101

$\theta = \frac{M}{12}(b^2 + c^2)$ $M = \rho \cdot a \cdot b \cdot c$

....

Jetzt folgen Übungen aus dem ganzen Kapitel.

Skizzieren Sie

$r = 2\sin\varphi$ für $0 \le \varphi \le \pi$

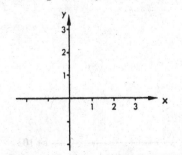

                                   ---------------------------- ▷ 102

32

RICHTIG!

....

Nun zerlegen Sie das folgende Doppelintegral in ein Produkt von bestimmten Integralen, bei denen der Integrand nur noch von einer Variablen abhängt:

$$\int\limits_{x=0}^{2} \int\limits_{y=1}^{2} \frac{x^2}{y^2}\, dx\, dy = \dots\dots\dots$$

Die Lehrschritte ab 36 finden Sie in **der Mitte der Seiten**.

Lehrschritt 36 steht unterhalb Lehrschritt 1.

BLÄTTERN SIE ZURÜCK   -------------------------------- ▷   36

Anwendungen: Berechnung von Volumen und Trägheitsmoment

In diesem Abschnitt wird deutlich, wie Rechnungen durch geeignete Wahl des Koordinatensystems vereinfacht werden können.

STUDIEREN SIE im Lehrbuch   15.5 Anwendungen: Volumen und Trägheitsmoment
                                         Lehrbuch, Seite 53 - 55

BEARBEITEN SIE DANACH Lehrschritt   -------------------------------- ▷   68

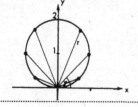

....

Berechnen Sie das Doppelintegral

$$\int\limits_{x=0}^{1} \int\limits_{y=0}^{1} e^{-x}\, dx\, dy = \dots\dots\dots$$

-------------------------------- ▷ 103

33

Leider Irrtum: Das Doppelintegral B hieß: $\int\limits_{x=0}^{2} \int\limits_{y=1}^{2} x\,(x+\frac{1}{y^2})\,dx\,dy$

Der Integrand ist dann $x\,(x+\frac{1}{y^2})$

Die Klammer enthält sowohl die Variable x wie die Variable y. Welche Gleichungen lassen sich in ein Produkt von Funktionen zerlegen, die jeweils nur von *einer* Variablen abhängen?

    a) $f_1 = (x+2y)y$

    b) $f_2 = (x+x^2)\cdot(y+y^2)$

    c) $f_3 = \sin x \cdot \cos y$

    d) $f_4 = (\sin x + \sin y)\cos x$

SPRINGEN SIE AUF -- ▷   35

68

Im Lehrbuch sind zwei Volumina und ein Trägheitsmoment berechnet.

Sie können jetzt wählen!

Berechnung eines weiteren Beispiels zum Trägheitsmoment ------------------------- ▷   69

Möchte gleich weitergehen ------------------------------- ▷ *75

* Die Lehrschritte ab 71 stehen **unten auf den Seiten**.

Sie finden Lehrschritt 75 unterhalb Lehrschritt 5.

BLÄTTERN SIE ZURÜCK.

103

$\left(1-\dfrac{1}{e}\right)$

Ein Punkt habe die kartesischen Koordinaten

    $P_0 = (1, 1, 2)$

Geben Sie die Zylinderkoordinaten dieses Punktes an:

    $r = \ldots\ldots\ldots\ldots$

    $z = \ldots\ldots\ldots\ldots$

    $\varphi = \ldots\ldots\ldots\ldots$

-------------------------------- ▷ 104

34

A ist richtig, B ist aber falsch. Der Integrand $x(x + \frac{1}{y^2})$ ist zwar ein Produkt, aber die Klammer hängt von *zwei* Variablen ab.

....

Welche Funktionen lassen sich in ein Produkt von Funktionen zerlegen, die jeweils nur von *einer* Variablen abhängen?

a) $f_1 = (x + 2y)y$

b) $f_2 = (x + x^2) \cdot (y + y^2)$

c) $f_3 = \sin x \cdot \cos y$

d) $f_4 = (\sin x + \sin y)\cos x$

------------------------------ ▷ 35

69

Man betrachte ein Rohr der Länge L mit innerem Radius R_1 und äußerem Radius R_2 und konstanter Dichte ρ. Zu berechnen sei das Trägheitsmoment bezüglich der Rohrachse:

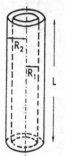

Dieses Problem läßt sich auf verschiedene Weise lösen.

a) Es wird ein systematisches Lösungsverfahren gesucht und auf das Problem angewandt.

b) Das Problem wird so umgeformt, daß es auf ein bereits gelöstes zurückgeführt wird oder daß sich die Lösung aus den Ergebnissen bereits gelöster Probleme kombinieren läßt.

Gehen Sie zunächst systematisch vor und berechnen Sie $\theta = \ldots\ldots$

Erläuterung oder Hilfe erwünscht ------------------------ ▷ 70

Lösung gefunden ------------------------ ▷ *73

* Den Lehrschritt 73 finden Sie **unten auf den Seiten**. BLÄTTERN SIE ZURÜCK.

104

$r = \sqrt{2}$ $\qquad \varphi = \frac{\pi}{4}$ $\qquad z = 2$

....

Berechnen Sie die Fläche zwischen den Graphen der Funktionen $y = x$ und $y = +\sqrt{x}$ im Intervall $0 \le x \le 1$.

Skizzieren Sie zuerst die Fläche.

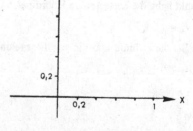

------------------------------ ▷ 105

35

b) $f_2 = (x + x^2) \cdot (y + y^2) = g(x)\, h(y)$

c) $f_3 = \sin x \cdot \cos y = g(x)\, h(x)$

....

Zerlegen Sie nun das folgende Doppelintegral in ein Produkt von bestimmten Integralen, bei denen der Integrand nur noch von einer Variablen abhängt.

$$\int\limits_{x=0}^{2} \int\limits_{y=1}^{2} \frac{x^2}{y^2} \, dx \, dy = \; \ldots\ldots\ldots$$

Jetzt geht es weiter mit den Lehrschritten **auf der Mitte der Seiten.**

Sie finden Lehrschritt 36 unter dem Lehrschritt 1.

BLÄTTERN SIE ZURÜCK   ------------------------------ ▷   36

70

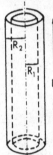

Das Trägheitsmoment ist definiert als

$$\theta = \int r^2 \, dm$$

Dabei ist r der Abstand der Massenelemente dm von der Drehachse.

Wegen $dm = \rho \, dV$ wird

$$\theta = \int r^2 \rho \, dV$$

Zur Behandlung des Problems verwenden wir .... -Koordinaten

In diesen Koordinaten lautet das Volumenelement $dV = \ldots\ldots\ldots\ldots$

Das Massenelement ist $dm = \ldots\ldots\ldots\ldots$

Nun geht es weiter mit den Lehrschritten **unten auf den Seiten.**

Sie finden Lehrschritt 71 unter den Lehrschritten 1 und 36.

BLÄTTERN SIE ZURÜCK   ------------------------------ ▷   71

105

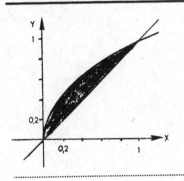

$A = \dfrac{1}{6}$ Rechnung $A = \int\limits_{y=x}^{+\sqrt{x}} \int\limits_{0}^{1} dx \, dy$

$$A = \int\limits_{x=0}^{1} \int\limits_{y=x}^{+\sqrt{x}} dx \, dy = \int\limits_{x=0}^{1} (\sqrt{x} - x) \, dx$$

$$A = \left[\frac{2}{3} x^{\frac{3}{2}} - \frac{x^2}{2} \right]_0^1 = \frac{1}{6}$$

Damit haben Sie das  dieses Kapitels erreicht.

0

Kapitel 16

Parameterdarstellung, Linienintegral

1

Nichts wird schneller vergessen als gute Vorsätze und ein gutes Essen.
(Altchinesische Weisheit)

Vor Beginn eines Kapitels sollten Sie kurz das vorhergehende wiederholen.

Kapitel 15 behandelte: ....

....

....

....

....

------------------------------- ▷   2

7

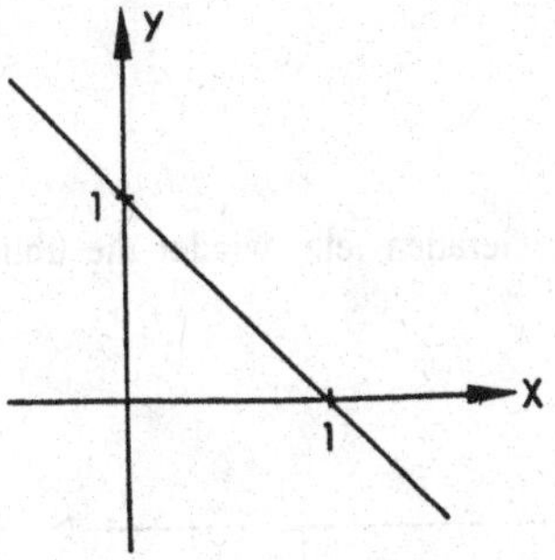

Geben Sie eine Parameterdarstellung der Geraden
an.

Im Lehrbuch hieß im 3. Beispiel der Parameter t.

Hier wollen wir den Parameter λ nennen.

$x = $ ....

$y = $ ....

----------------------------- ▷   8

13

Eine Parameterdarstellung ist z.B.

$x = -10 + 10t$

$y = -30t$

Wäre auch folgende Darstellung eine richtige Lösung? $x = 5t$ $y = -30 - 15t$

☐ Ja   ☐ Nein

Hinweis: Jede Parameterdarstellung muß auf die gleiche Geradengleichung führen, nämlich

$y = $ ....

Lösung gefunden   ------------------------------- ▷   15

Erläuterung oder Hilfe erwünscht   ------------------------------- ▷   14

2

Mehrfachintegrale mit festen Grenzen
Mehrfachintegrale mit variablen Grenzen
Polarkoordinaten
Zylinderkoordinaten
Kugelkoordinaten

Rekapitulieren Sie in Gedanken die Regeln für die Ausführung von Mehrfachintegralen und berechnen Sie

$$I = \int\limits_{y=x-1}^{3x} \int\limits_{x=0}^{2} x \, dx \, dy = \dots$$

Es handelt sich um ein Integral mit .... Grenzen.

------------------------------ ▷   3

8

Eine Parameterdarstellung der Geraden ist:

$x = 1 \cdot \lambda$

$y = 1 - \lambda$

λ durchläuft dabei alle Werte von $-\infty$ bis $+\infty$

Gewinnen Sie aus der obigen Parameterdarstellung der Geraden jetzt wieder die übliche Darstellung:

$y = \dots$

Lösung gefunden   -------------------------------- ▷   10

Erläuterung oder Hilfe erwünscht   -------------------------------- ▷   9

14

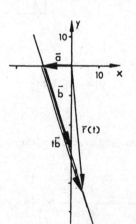

Gegeben ist die Gerade. Bekannt ist die Vektorschreibweise

$$\vec{r}(t) = \vec{a} + \vec{b}t$$

Bedeutung: Der Ortsvektor zu jedem Punkt der Geraden kann wie in der Zeichnung aus zwei Vektoren zusammengesetzt werden:

• Vektor vom Nullpunkt zu *einem Punkt* der Geraden: $\vec{a}$

• Vektor in *Richtung* der Geraden: $t \cdot \vec{b}$

In der Zeichnung ist $\vec{a} = (-10,0)$ und $\vec{b} = (10,-30)$.

Wir schreiben die Vektorgleichung mit $\vec{a}$ und $\vec{b}$ komponentenweise hin: $x = -10 + 10t$ und $y = -30t$.

Wenn wir noch den Parameter t eliminieren, so erhalten wir:

$y = \dots$

-------------------------------- ▷   15

3

18

Rechengang: $I = \int\limits_{x=0}^{2} \int\limits_{y=x-1}^{3x} x\, dy = \int\limits_{x=0}^{2} \left[\frac{9}{2}x^2 - \frac{1}{2}(x-1)^2 \right]\, dx = 18$

Variable Grenzen. Das Integral mußte deshalb vor der Berechnung umgeordnet werden.

....

Berechnen Sie noch das Integral

$$I = \int\limits_{x=0}^{2} \int\limits_{y=1}^{2} \frac{x^2}{y^2}\, dx\, dy = \ldots\ldots\ldots$$

Das Mehrfachintegral hat .... Grenzen.

----------------------------------- ▷   4

9

Die Parameterdarstellung war $x = 1 \cdot \lambda$

$y = 1 - \lambda$

Umformung der Parameterdarstellung in die übliche Notation:

Aus den beiden Gleichungen für x und y wird der Parameter eliminiert und die entstehende Gleichung nach y aufgelöst.

1. Schritt:

Wir drücken in der ersten Gleichung λ durch die Variable x aus: $\lambda = x$

2. Schritt:

Wir ersetzen λ in der 2. Gleichung oben durch x und erhalten y = ...

-------------------------------- ▷   10

15

Ja $y = -3x - 30$

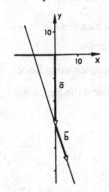

Die Wahl der Vektoren $\vec{a}$ und $\vec{b}$ ist an zwei Punkten frei:

- Der Vektor $\vec{a}$ muß vom Nullpunkt zu *einem* Punkt der Gerade führen, zu *welchem* ist beliebig.

- der Vektor $\vec{b}$ muß in *Richtung* der Geraden liegen. Sein *Betrag* ist beliebig.

Auch die links skizzierte Wahl von $\vec{a} = (0, -30)$ und $\vec{b} = (5, -15)$ ist möglich. Schreiben wir dafür die Vektorgleichung komponentenweise auf:

$x = 5t$ $y = -30 - 15t$

Setzen Sie $t = \frac{x}{5}$ in die Gleichung für y ein.

$y = \ldots\ldots\ldots\ldots$ -------------------------------- ▷   16

4

$$I = \int\limits_{x=0}^{2} x^2 dx \cdot \int\limits_{y=1}^{2} \frac{1}{y^2} dy = \frac{4}{3}$$ Feste Grenzen

....

Eine Schraubenlinie hat in Zylinderkoordinaten die Form:

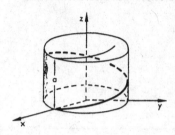

$$r = R$$

$$z = \frac{a}{2\pi} \cdot \varphi$$

Geben Sie die kartesischen Koordinaten an:

$x = \ldots\ldots\ldots$

$y = \ldots\ldots\ldots$

$z = \ldots\ldots\ldots$

----------------------------- ▷   5

10

$y = 1 - x$

....

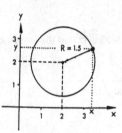

Ein Punkt bewege sich auf dem abgebildeten Kreis.

Geben Sie eine Parameterdarstellung für die Bahnkurve an.

$x = \ldots\ldots\ldots\ldots$

$y = \ldots\ldots\ldots\ldots$

Lösung gefunden   ----------------------------- ▷   12

Erläuterung oder Hilfe erwünscht   ----------------------------- ▷   11

16

$y = -3x - 30$ Hinweis: Wir haben die gleiche Gleichung erhalten.

....

Handlungsanweisung für die Bestimmung einer Parameterdarstellung für eine Gerade:

1. Schritt: Suche einen Vektor $\vec{a}$ vom Nullpunkt zu einem Punkt der Geraden.

2. Schritt: Suche einen Vektor $\vec{b}$ in Richtung der Geraden – seine Länge spielt keine Rolle.

3. Schritt: Bilde $\vec{r}(t) = \vec{a} + t\,\vec{b}$. Wenn t von $-\infty$ bis $+\infty$ variiert wird, tastet die Spitze des Ortsvektors $\vec{r}(t)$ jeden Punkt der Geraden ab.

4. Schritt: Schreibe die Vektorgleichung komponentenweise hin

$$x(t) = a_x + t\,b_x$$
$$y(t) = a_y + t\,b_y$$

----------------------------- ▷   17

5

$$x = R\cos\varphi$$
$$y = R\sin\varphi$$
$$z = \frac{a}{2\pi}\varphi$$

Falls Sie Schwierigkeiten bei einer der Aufgaben hatten, rechnen Sie diese Aufgaben noch einmal anhand des Lehrbuches Kapitel 15 nach.

------------------------------ ▷   6

11

Die Aufgabe ist nahezu identisch mit dem 2.Beispiel auf Seite 64 des Lehrbuches. Der Unterschied besteht darin, daß der Mittelpunkt des Kreises jetzt die Koordinaten (2,2) hat.

Wir setzen die gesamte Darstellung zusammen, indem wir für beide Koordinaten die Mittelpunktskoordinate $R_0 = (2,2)$ und die Koordinaten des Punktes auf der Kreisbahn in Polarkoordinaten addieren. Der Winkel φ ist der Parameter.

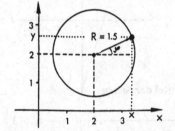

x = ...

y = ...

------------------------------ ▷   12

17

Rechnen Sie in den nächsten Tagen die Übungsaufgaben 16.1 auf Seite 77 im Lehrbuch.

Sie sollten alle Übungsaufgaben 16.1 rechnen. Sie sind nicht schwer und erfordern mehr Überlegung als Rechenaufwand.

------------------------------ ▷   18

6

Parameterdarstellung von Kurven

Auf die Parameterdarstellung von Kurven führt uns die Beschreibung von Bewegungen. Der Ort eines Punktes ist eine Funktion der Zeit. Dies führt häufig auf nicht einfache Gleichungen. Eine Vereinfachung erzielen wir, wenn die Bewegung eines Punktes im Raum auf die Betrachtung der Bewegung der Komponenten reduziert wird.

Das Prinzip der Beschreibung von Bahnkurven als Funktion einer dritten Größe – in der Praxis ist es meist die Zeit – wird dann verallgemeinert.

STUDIEREN SIE im Lehrbuch   16.1 Parameterdarstellung von Kurven

Lehrbuch, Seite 63 - 68

Jetzt geht es weiter mit den Lehrschritten auf **der Mitte der Seiten**.
Sie finden Lehrschritt 7 unterhalb von Lehrschritt 1.
BLÄTTERN SIE ZURÜCK und BEARBEITEN SIE DANACH Lehrschritt   --------------- ▷   7

12

$$x = 2 + 1{,}5\cos\varphi$$
$$y = 2 + 1{,}5\sin\varphi$$

Geben Sie eine Parameterdarstellung
der gezeichneten Geraden an:

Der Parameter heiße t.

$x = \ldots\ldots\ldots\ldots$

$y = \ldots\ldots\ldots\ldots$

Jetzt geht es weiter mit den Lehrschritten im **unteren Drittel der Seiten**.
Sie finden Lehrschritt 13 unterhalb von Lehrschritt 1 und 7.
BLÄTTERN SIE ZURÜCK   ------------------------------- ▷   13

18

Differentiation eines Vektors nach einem Parameter.

Wir haben bisher den Ortsvektor für eine beliebige Bahnkurve so beschrieben, daß wir die Koordinaten des Vektors als Funktion einer dritten Größe – des Parameters – dargestellt haben. Der Parameter kann die Zeit sein. Nun wird gezeigt werden, daß wir von dieser Darstellung sofort zur Ermittlung der Geschwindigkeit kommen, indem wir nach der Zeit differenzieren.

STUDIEREN SIE im Lehrbuch   16.2 Differentiation eines Vektors nach einem
Parameter

Lehrbuch, Seite 68-70

Jetzt geht es weiter mit den Lehrschritten auf den **gegenüberliegenden Seiten**. Daher müssen Sie **dieses Buch umdrehen**. Sie finden dann den Lehrschritt 19 **oben auf der Seite**.
BEARBEITEN SIE DANACH Lehrschritt   ------------------------------- ▷   19

19

Kennen wir die Koordinaten eines Punktes als Funktion der Zeit, so können wir unmittelbar die Geschwindigkeit für die Koordinaten berechnen.

Berechnen Sie die Geschwindigkeit und die Beschleunigung für den schiefen Wurf nach oben (Wurfwinkel $= \alpha$).

$$\vec{r}(t) = (v_o \cdot \cos\alpha \cdot t, \quad v_o \cdot \sin\alpha \cdot t - \frac{g}{2}t^2)$$

$$\vec{v}(t) = \dots\dots\dots\dots$$

$$a(t) = \dots\dots\dots\dots$$

-------------------------------- ▷ 20

34

$$W = q \int_K E \sin\varphi \, dr$$

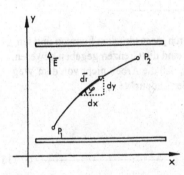

$\sin\varphi \, dr = dy$

$P_1 = (x_1, y_1)$

$P_2 = (x_2, y_2)$

Damit wird $W = \int_K q E \sin\varphi \, dr$

$$W = \int \dots\dots\dots\dots$$

-------------------------------- ▷ 35

49

$$\int_0^{\frac{\pi}{2}} \vec{A} \cdot \vec{dr} = \frac{4}{\pi}\left[\frac{\sin 2t}{4} - \frac{t\cos 2t}{2}\right]_0^{\frac{\pi}{2}} + \frac{1}{\pi}\left[\sin 2t\right]_0^{\frac{\pi}{2}} = 1$$

Nach diesen nun wirklich schwierigen Überlegungen und Rechnungen einige leichtere Wiederholungsaufgaben aus dem ganzen Kapitel.

-------------------------------- ▷ 50

20

$\vec{v}(t) = (v_0 \cos\alpha, \, v_0 \sin\alpha - gt)$

$\vec{a}(t) = (0, -g)$

Hinweis: Die Beschleunigung ist die Ableitung des Geschwindigkeitsvektors nach der Zeit. Wir mußten den Ortsvektor zweimal differenzieren.

Ein Punkt bewege sich auf einer Geraden. Die Bewegung wird beschrieben durch:

$$x = -10\text{cm} + 10\frac{\text{cm}}{\text{sec}} \cdot t$$

$$y = -30\frac{\text{cm}}{\text{sec}} \cdot t$$

Wie groß ist der Betrag der Geschwindigkeit des Punktes?   v = ...

Lösung   ------------------------------- ▷ 24

Erläuterung oder Hilfe   ------------------------------- ▷ 21

35

$$W = q \int\limits_{y_1}^{y_2} E \, dy = q \, E \, (y_1 - y_2)$$

Der entscheidende Übergang war hier, daß wir dr durch dy ausdrücken konnten und wir dann ein Integral über die Variable y erhielten. Für y sind die Grenzen gegeben gewesen. Die physikalische Bedeutung unseres Ergebnisses ist, daß die Arbeit nicht von dem Weg selbst abhängt, sondern nur von den y-Koordinaten der Endpunkte.

------------------------------- ▷ 36

50

Die Gerade $y = 2 + x$ ist in eine Parameterdarstellung zu überführen.

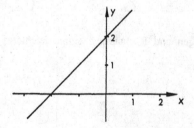

$\vec{r} = \vec{r}_o + r_1 \cdot \lambda$

Wählen wir $\vec{r}_o$ längs der y-Achse.

$\vec{r}_o$ hat die Komponenten

$\vec{r}_o = \ldots\ldots\ldots\ldots$

------------------------------- ▷ 51

21

Gegeben sind die Bahngleichungen in Parameterdarstellung

$$x = -10\,\text{cm} + 10\,\frac{\text{cm}}{\text{sec}} \cdot t \qquad y = -30\,\frac{\text{cm}}{\text{sec}} \cdot t$$

Hinweis: Bei der Angabe einer Geschwindigkeit
müssen auch die Maßeinheiten mitgenannt
werden. Hier wird die Zeit in sec und der Weg in
cm angegeben. x und y sind Längenangaben.
Kontrollieren Sie, daß dies für die beiden
Gleichungen erfüllt ist.

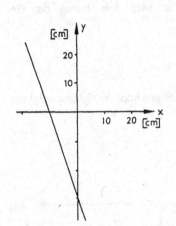

-------------------------------- ▷   22

36

Hier noch ein Beispiel zum homogenen Feld. Beachten Sie, daß die Variable hier nicht r
genannt wird sondern s.

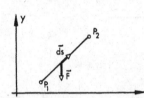

Ein Gegenstand soll auf der Linie K von P_1 nach P_2
gebracht werden. Auf den Körper wirke die Kraft

$$\vec{F} = (F_x, F_y) = (0, -m \cdot g) = 0 \cdot \vec{e}_x - m\,g\,\vec{e}_y$$

Hinweis: Hier wird über den Weg s integriert. Das ist das Neue. Die Variable ist s.

Das Wegelement $\vec{ds}$ in Komponentendarstellung: $\vec{ds} = (dx, dy)$. Die Entfernung $\overline{P_1 P_2}$ sei S.

$$W = \int\limits_{P_1}^{P_2} \ldots\ldots\ldots$$

-------------------------------- ▷   37

51

$\vec{r}_o = (0, 2)$

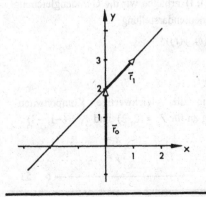

Ermitteln wir nun einen Richtungsvektor $\vec{r}_1$.

Die Gerade hat die Steigung 1. Damit ist eine
möglich Wahl:

$$\vec{r}_1 = \ldots\ldots\ldots\ldots$$

-------------------------------- ▷   52

Weiterer Hinweis: Gefragt ist nach dem *Betrag* der Geschwindigkeit. Gegeben war:

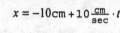

$$x = -10\,cm + 10\,\frac{cm}{sec} \cdot t$$

$$y = -30\,\frac{cm}{sec} \cdot t$$

Wir bestimmen zunächst die Komponenten der Geschwindigkeit:

$$v_x = \ldots\ldots\ldots\ldots$$

$$v_y = \ldots\ldots\ldots\ldots$$

$$\vec{v} = (\ldots\ldots\ldots\ldots)$$

-- ▷   23

37

$$W = \int_{P_1}^{P_2} \vec{F} \cdot \vec{ds}$$

Dann können wir zur Komponentendarstellung übergehen:

$$W = \ldots\ldots\ldots\ldots$$

-------------------------------- ▷   38

52

$$\vec{r}_1 = (1,1) \qquad oder \qquad \vec{r}_1 = (2,2) \qquad oder \qquad \vec{r}_1 = (\frac{1}{\sqrt{2}}, \frac{1}{\sqrt{2}})$$

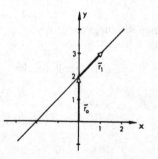

Mit $\vec{r}_1 = (1,1)$ erhalten wir die Geradengleichung in Komponentendarstellung

$$\vec{r}(t) = (x(t), y(t))$$

$$x(t) = t$$

$$y(t) = 2 + t$$

Geben Sie die gleichwertige Komponentendarstellung an für $\vec{r}_1 = (2,2)$ und $\vec{r}_1 = (-1,-1)$

$$x = \ldots\ldots\ldots\ldots \qquad\qquad x = \ldots\ldots\ldots\ldots$$

$$y = \ldots\ldots\ldots\ldots \qquad\qquad y = \ldots\ldots\ldots\ldots$$

-------------------------------- ▷   53

23

$v_x = 10 \frac{cm}{sec}$

$v_y = -30 \frac{cm}{sec}$

$\vec{v} = (10 \frac{cm}{sec}, -30 \frac{cm}{sec})$

Jetzt bleibt nur noch übrig, den Betrag von $\vec{v}$ zu berechnen.

$|\vec{v}| = \ldots\ldots\ldots\ldots$

------------------------------- ▷ 24

38

$$W = \int_{x_1}^{x_2} 0 \cdot dx - \int_{y_1}^{y_2} m \cdot g \cdot dy$$

Das erste Integral verschwindet. Damit hat man:

$$W = -\int_{y_1}^{y_2} mg \, dy = \ldots\ldots\ldots\ldots$$

------------------------------- ▷ 39

53

$x = 2t$ $x = -2t$

$y = 2 + 2t$ $y = 2 - 2t$

Geben Sie eine Parameterdarstellung der Geraden, die durch die folgenden Punkte mit den angegebenen Ortsvektoren geht

$\vec{p}_1 = (2, 1, 1)$ $\vec{p}_2 = (-1, 3, 1)$

$r(t) = \ldots\ldots\ldots\ldots$

------------------------------- ▷ 54

24

$$v = \sqrt{100 + 900}\ \frac{cm}{sec} = 31,6\frac{cm}{sec}$$

....

Rechnen Sie jetzt die Aufgabe 16.2A auf Seite 77 im Lehrbuch.

Bestimmen Sie dabei auch den Betrag des Beschleunigungsvektors und versuchen Sie herauszubekommen, welche Richtung der Beschleunigungsvektor hat.

------------------------------- ▷ 25

39

$$W = mg(y_1 - y_2)$$

....

Ein Satellit bewege sich auf einer kreisförmigen Bahn um die Erde. Die Arbeit für eine Erdumrundung ist

$$W = \int\limits_{Kreis} \vec{F} \cdot \vec{ds}$$

Die Arbeit verschwindet, weil

$\vec{F}$ und $\vec{ds}$ ....

aufeinander stehen.

------------------------------- ▷ 40

54

$$\vec{r}(t) = \vec{p}_1 + (\vec{p}_2 - \vec{p}_2)\,t \qquad x = 2 - 3t \qquad y = 1 + 2t \qquad z = 1$$

Hinweis: Als Punkt auf der Geraden ist hier der Ortsvektor $\vec{p}_1$ gewählt. Die Richtung der Geraden ist durch die Differenz der Ortsvektoren bestimmt.

....

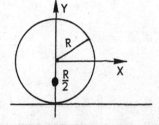

Ein Rad rolle auf einer Ebene nach rechts. Geben Sie die Bahnkurve des Punktes auf dem Rad an.

Hilfe finden Sie auf Seite 68 im Lehrbuch.

$r(\varphi) = $ ....

Die Kurve heißt ....

------------------------------- ▷ 55

25

Der Betrag der Beschleunigung ist

$$a = \omega^2 r$$

Die Richtung des Beschleunigungsvektors erfordert etwas mehr Überlegung:
Wir haben den Beschleunigungsvektor

$$\vec{a}(t) = -\omega^2 r (\cos \omega t, \quad \sin \omega t)$$

Vergleichen wir dies mit dem Ortsvektor selbst.

$$\vec{r}(t) = r (\cos \omega t, \quad \sin \omega t)$$

Man sieht hier, daß in der Klammer der gleiche Ausdruck steht. Es gilt:

$$\vec{a} = -\omega^2 \, \vec{r}$$

Die Beschleunigung hat die entgegengesetzte Richtung wie der Ortsvektor. Sie ist auf das Kreiszentrum hin gerichtet.

--------------------------------- ▷ 26

40

Senkrecht

Im letzten Beispiel handelte es sich um den Sonderfall radialsymmetrisches Feld, kreisförmiger Weg.

Rechnen Sie jetzt die Übungsaufgaben 16.3.1 auf Seite 77 im Lehrbuch. Die Lösungen finden Sie im Lehrbuch auf den Seiten 78 und 79.

Hinweis für Aufgabe C: Ermitteln Sie aufgrund des Kapitels 13 „Funktionen mehrerer Veränderlicher" welcher Typ eines Vektorfeldes hier vorliegt.

Dann ist die Aufgabe sofort zu lösen.

--------------------------------- ▷ 41

55

$$\vec{r}(\varphi) = (R \cdot \varphi - \frac{R}{2} \sin \varphi, \quad R - \frac{R}{2} \cos \varphi) \; = R(\varphi - \frac{\sin \varphi}{2}, \; 1 - \frac{\cos \varphi}{2}) \qquad \text{Zykloide}$$

In einem homogenen Kraftfeld $\vec{F} = (-3N, 2N)$ wird ein Körper längs des gezeichneten Kreisbogens von $\vec{p}_1 = (2m, 0)$ nach $\vec{p}_2 = (0, 2m)$ gebracht.

Welche Arbeit ist erforderlich?

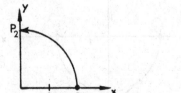

$$W = \ldots\ldots\ldots\ldots$$

--------------------------------- ▷ 56

26

Rechnen Sie jetzt die Übungsaufgabe 16.2B auf Seite 77 im Lehrbuch.

Überlegen Sie vorher auch, welche Bahn hier vorliegt, die Bahnkurve ist bereits im Lehrbuch vorgekommen.

Suchen Sie sie im Lehrbuch notfalls auf.

Es handelt sich um eine . . . .

------------------------------------ ▷ 27

41

Der Begriff des Linienintegrals hilft, bestimmte physikalische Problemstellungen zu beschreiben. Wichtig sind vor allem die besprochenen Sonderfälle.

homogenes Feld	beliebiger Weg
radialsymmetrisches Feld	radialer Weg
radialsymmetrisches Feld	kreisförmiger Weg
ringförmiges Feld	kreisförmiger Weg

Versuchen Sie immer, das Problem auf einen dieser Spezialfälle zurückzuführen.

Nun könnten Sie denken, die Mathematiker könnten das Linienintegral nur für Sonderfälle berechnen. Dem ist nicht so. Im nächsten Abschnitt wird gezeigt, daß die Berechnung des Linienintegrals im allgemeinen Fall durchgeführt werden kann.

------------------------------------ ▷ 42

56

$W = -3\,(0-2)\ \mathrm{Nm} + 2\,(2-0)\ \mathrm{Nm} = 10\mathrm{Nm}$

Hinweis: Bei homogenen Kraftfeldern ist die Arbeit unabhängig vom Weg.

Gegeben sei das Kraftfeld $\vec{F} = \dfrac{(x,y)}{+\sqrt{x^2+y^2}}\,\mathrm{N}$

Ein Körper mit der Masse m werde auf einem Kreisbogen bewegt von $\vec{p}_1 = (-3\mathrm{m}, 0)$ nach $\vec{p}_2 = (3\mathrm{m}, 0)$.

Die geleistete Arbeit ist: $W = $ . . . .

Hinweis: Struktur des Feldes beachten.

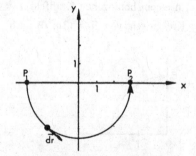

------------------------------------ ▷ 57

27

Schraubenlinie

....

Wie groß ist die Beschleunigung für die Bewegung des Massenpunktes auf der Schraubenlinie in unserem Beispiel?

Es war der Ortsvektor:

$$\vec{r}(t) = (R\cos\omega t, \quad R\sin\omega t, \quad t)$$

Die Beschleunigung ist:

$$\vec{a}(t) = \ldots\ldots\ldots\ldots$$

-------------------------------- ▷ 28

42

Berechnung des Linienintegrals im allgemeinen Fall

Nur wenige können die Umformungen im Kopf nachvollziehen. Den meisten hilft es, auf einem Zettel mitzurechnen.

STUDIEREN SIE im Lehrbuch   16.3.2 Berechnung des Linienintegrals im
                                        allgemeinen Fall
                                 Lehrbuch, Seite 75 - 76

BEARBEITEN SIE DANACH Lehrschritt   -------------------------------- ▷ 43

57

$W = 0$

Hinweis: Es handelte sich um ein radialsymmetrisches Feld und einen Weg auf einem
           Kreisbogen. Die Masse m spielt überhaupt keine Rolle.

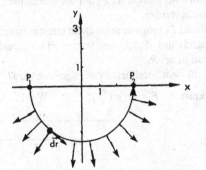

-------------------------------- ▷ 58

28

$$\vec{a}(t) = (-R\omega^2 \cdot \cos\omega t, \quad -R\omega^2 \cdot \sin\omega t, \quad 0)$$

Berechnen Sie jetzt den Betrag der Beschleunigung bei dieser Bewegung auf der Schraubenlinie.

$\qquad |\vec{a}| = \ldots\ldots\ldots\ldots\ldots$

Die Richtung der Beschleunigung bei der Bewegung auf der Schraubenlinie können Sie auch angeben: Die Beschleunigung liegt in der

$\qquad \ldots\ldots\ldots\ldots\ldots$ Ebene

und zeigt immer auf die

$\qquad \ldots\ldots\ldots\ldots\ldots$ Achse

------------------------------------ ▷ 29

43

Dieser Abschnitt enthielt nun die letzte schwierige Überlegung dieses Kapitels. Herzlichen Glückwunsch, wenn Sie bis hierher durchgehalten und die Rechnungen mitgerechnet haben.

Wenn man die einzelnen Umformungen nicht durchführt, geht einem leicht die Übersicht verloren. Umgekehrt erfordert es immer einige Überwindung, mit Papier und Bleistift die Umformungen nachzuvollziehen.

Tut man es, folgt die Belohnung auf dem Fuße. Man stellt fest, daß die Umformungen gar nicht so schwierig auszuführen sind und daß man dann die Gedankenführung nachvollziehen kann.

------------------------------------ ▷ 44

58

Zum Schluß noch eine etwas komplexere Aufgabe.
Die Zeichnung stellt die Erde und die Bahn eines Satelliten dar. Auf dem eingezeichneten Weg soll der Satellit vom Startpunkt P_1 auf die Kreisbahn (Radius R_2) gebracht werden.
Im Punkt P_2 möge er seine Bahn erreicht haben.
Abstand des Satelliten vom Erdmittelpunkt sei R.
Erdradius sei R_1.

Wie groß ist die potentielle Energie W, die dem Satelliten dabei zugeführt wird?

Hinweis: Ein Ausdruck für die Schwerkraft ist: $F = m \cdot g \left(\frac{R_1}{R}\right)^2$ $\qquad$ W = $\ldots\ldots\ldots\ldots\ldots$

Lösung ------------------------------------ ▷ 63

Erläuterung und Hilfe ------------------------------------ ▷ 59

29

$|\vec{b}| = R\omega^2$

x-y-Ebene

z-Achse

....

------------------------------- ▷ 30

44

Die folgende Übungsaufgabe steht auch im Lehrbuch auf Seite 78.

Berechnen Sie für das unten gegebene Vektorfeld A das Linienintegral

längs der Kurve $r(t)$ von $t = 0$ bis $t = \frac{\pi}{2}$.

$$\vec{A} = (x,\ y,\ z) = (0,\ -z,\ y)$$
$$\vec{r}(t) = (\sqrt{2}\cos t,\ \cos 2t,\ \tfrac{2t}{\pi})$$

$$\int_{t=0}^{t=\frac{\pi}{2}} \vec{A} \cdot \vec{dr} = \ \dots\dots\dots$$

Lösung gefunden*   ------------------------------- ▷ *49

Erläuterung oder Hilfe erwünscht   ------------------------------- ▷ 45

*Lehrschritt 49 steht **unten auf der Seite** unterhalb der Lehrschritte 19 und 34.

59

Formuliert man die Fragestellung um, so läßt sich das Problem in eine Form bringen, in der es anderen Problemen ähnelt, die in diesem Leitprogramm behandelt wurden.

Gesucht ist die Arbeit, die notwendig ist, um den Satelliten gegen die Schwerkraft vom Punkt P_1 zum Punkt P_2 zu bringen.

Hinweis: Gefragt ist hier nur nach der potentiellen Energie, nicht nach der kinetischen Energie, die dem Satelliten für eine Bewegung auf der Kreisbahn zugefügt werden muß.

In diesem Kapitel haben Sie gelernt, diese Arbeit als Linienintegral zu berechnen.

Wie lautet das allgemeine Linienintegral?

$W = \ \dots\dots\dots\dots$

------------------------------- ▷ 60

30

Das Linienintegral

Dieser Abschnitt ist wichtig, jedoch nicht einfach. Er muß intensiv gelesen werden. Vollziehen Sie die Überlegungen mit Papier und Bleistift nach.

Reading without a pencil is daydreaming.

Das Linienintegral ist eine neue Erweiterung des Integralbegriffs. Das Linienintegral ist gedanklich leicht zu verstehen. Die Berechnung von Linienintegralen führt jedoch oft auf schwierige Ausdrücke und wird hier für einfache Sonderfälle durchgeführt.

STUDIEREN SIE im Lehrbuch   16.3   Das Linienintegral
                                   16.3.1 Einige Sonderfälle
                                   Lehrbuch, Seite 71 - 76

BEARBEITEN SIE DANACH Lehrschritt   -------------------------------- ▷   31

45

Gegeben sind das Vektorfeld $\vec{A}$ in kartesischen Koordinaten und die Kurve in Parameterdarstellung: $\vec{A} = (0, -z, y)$ $\vec{r} = (\sqrt{2}\cos t, \cos 2t, \frac{2t}{\pi})$

1. Schritt: Wir drücken zunächst das Vektorfeld $\vec{A}$ durch den Parameter aus. Wir ersetzen x durch $z = \frac{2t}{\pi}$ und y durch $\cos 2t$. Die x-Koordinate ist 0.

2. Schritt: Wir berechnen das Wegelement $\vec{dr}$.

3. Schritt: Das Wegelement wird in das Linienintegral eingesetzt und gemäß der Regel auf Seite 76 im Lehrbuch ausgerechnet.

$$\int\limits_0^{\frac{\pi}{2}} \vec{A} \cdot \vec{dr} = \ldots\ldots\ldots\ldots$$

Lösung gefunden   -------------------------------- ▷   49
Weitere Erläuterung oder Hilfe erwünscht   -------------------------------- ▷   46

60

$$W = \int\limits_{P_1}^{P_2} \vec{F} \cdot \vec{ds}$$

Wir erinnern uns, daß das Gravitationsfeld radialsymmetrisch ist.

Weiter hängt der Wert des Integrals $\int\limits_{P_1}^{P_2} \vec{F} \cdot \vec{ds}$

von den Endpunkten P_1 und P_2 des Integrationsweges ab, nur nicht von seinem Verlauf.

Versuchen Sie jetzt die Arbeit zu berechnen. $W = \ldots\ldots\ldots\ldots$

Lösung   -------------------------------- ▷   63
Benötige weitere Hilfe   -------------------------------- ▷   61

Hinweis: $F = m \cdot g \left(\frac{R_1}{R}\right)^2$

31

Wir werden anhand eines Beispiels ein einfaches Linienintegral berechnen.

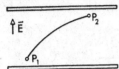

Die Zeichnung stellt einen Querschnitt durch einen Plattenkondensator dar. Eine elektrische Ladung werde vom Punkt P_1 zum Punkt P_2 bewegt. Dabei wirkt die Kraft $\vec{F} = \vec{E} \cdot q$ auf die Ladung.

Zu berechnen ist die aufgewandte Arbeit. Eines wissen Sie bereits: Die bei der Bewegung aufzuwendende Arbeit ist ein ....

Wir können es bereits formal hinschreiben:

$W = $ ....

K soll den Weg angeben.

------------------------------- ▷ 32

Wir ersetzen in $\vec{A} = (0, -z, \ y)$ die Koordinaten x, y, z durch die gegebene Parameterdarstellung

$$z = \frac{2t}{\pi}$$

$$y = \cos 2t$$

Wir erhalten $\vec{A} = (0, ...)$

Wir berechnen $\vec{dr}$ aus $\vec{r} = (\sqrt{2} \cos t, \ \cos 2t, \ \frac{2t}{\pi})$

$$\vec{dr} = ...$$

------------------------------- ▷ 47

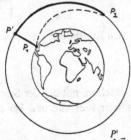

Der Wert des Integrals hängt nur von den Endpunkten P_1 und P_2 ab. Der Weg ist beliebig.

Ein geschickt gewählter Weg besteht aus zwei Teilstücken

a) einem radialen Wegstück von P_1 nach P' und

b) einem Stück auf der Kreisbahn von P' nach P_2.

Die Arbeit ist dann $W = \int_{P_1}^{P'} \vec{F} \cdot \vec{ds} + \int_{P'}^{P_2} \vec{F} \cdot \vec{ds}$.   Hinweis: $F = m \cdot g \cdot \frac{R_1^2}{R^2}$.

Berechnen Sie nun die beiden Integrale: $W = $ ....

Lösung   ------------------------------- ▷ 63

Weitere Hilfe erwünscht   ------------------------------- ▷ 62

$$\boxed{32}$$

Linienintegral

$$W = \int\limits_{K} \vec{F} \cdot \vec{dr} = \int\limits_{K} \vec{E}\, q \cdot \vec{dr}$$

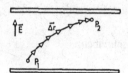

Die Bedeutung des Linienintegrals wird am deutlichsten, wenn man es als Summe versteht.

Längs des vorgegebenen Weges ist die Arbeit schrittweise zu berechnen. Numerisch läßt sich diese Handlungsvorschrift leicht ausführen, wenn das Feld bekannt ist.

Analytisch läßt sich das Linienintegral lösen, wenn man es in bekannte Integrale überführt. Dazu muß das skalare Produkt ausgerechnet werden.

-------------------------------- ▷ 33

$$\boxed{47}$$

$$\vec{A} = (0, \quad -\frac{2t}{\pi}, \quad \cos 2t)$$

$$\vec{dr} = (-\sqrt{2}\,\sin t, \quad -2\sin 2t, \quad \frac{2}{\pi})\, dt \quad \text{oder} \quad \vec{dr} = (-\sqrt{2}\,\sin t,\, dt, -2\sin 2t\, dt, 2\frac{dt}{\pi})$$

Dies wird eingesetzt in das Integral und dann wird das innere Produkt gebildet.

$$\int \vec{A} \cdot \vec{dr} = \ldots\ldots\ldots\ldots$$

-------------------------------- ▷ 48

$$\boxed{62}$$

Das zweite Integral verschwindet, denn $\vec{F}$ und $\vec{ds}$ stehen auf dem Kreisbogen

von P' bis P_2 senkrecht aufeinander. $\int\limits_{P'}^{P_2} \vec{F} \cdot \vec{ds} = 0$

Um das erste Integral zu berechnen, muß man nun die Kraft einsetzen, mit der der Satellit gegen die Schwerkraft bewegt wird. Diese Kraft zeigt in radialer Richtung und hat den

Betrag $F = mg\,\dfrac{R_1^2}{R^2}$

R_1 ist dabei der Erdradius, R der Abstand vom Erdmittelpunkt. Da $\vec{F}$ und $\vec{ds}$ auf dem radialen Wegstück parallel sind, gilt:

$$\int\limits_{P_1}^{P'} \vec{F} \cdot \vec{ds} = \int\limits_{R_1}^{R_2} F\, dR = \int\limits_{R_1}^{R_2} mg\,\frac{R_1^2}{R^2}\, dR \quad \text{Also ist: } W = \ldots\ldots\ldots\ldots \quad \text{------------} \triangleright\ 63$$

33

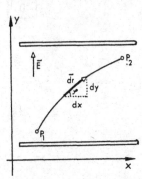

Zu berechnen ist

$$W = q \cdot \int_K \vec{E} \cdot \vec{dr}$$

Es sind $\vec{E} = (0, E)$ und $\vec{dr} = (dr \cdot \cos\varphi, dr \cdot \sin\varphi) = (dx, dy)$

Also wird $\vec{E} \cdot \vec{dr} = (0, E) \cdot (dx, dy)$

Bilden Sie das innere Produkt und setzen Sie ein:

$$W = q \int_K \quad \ldots\ldots\ldots\ldots$$

Jetzt geht es weiter mit den Lehrschritten **auf der Mitte der Seiten**.

Lehrschritt 34 finden Sie unter dem Lehrschritt 19.

BLÄTTERN SIE ZURÜCK   -------------------------------- ▷   34

48

$$\int \vec{A} \cdot \vec{dr} = \int \left[\frac{4t}{\pi} \sin 2t + 2\frac{\cos 2t}{\pi} \right] dt$$

Wir setzen die Grenzen des Integrals ein und erhalten: $\displaystyle\int_0^{\frac{\pi}{2}} \vec{A}\,\vec{dr} = \int_0^{\frac{\pi}{2}} (\frac{4t}{\pi} \sin 2t + 2\frac{\cos 2t}{\pi})\, dt$

Das Integral $\int \frac{4t}{\pi} \sin 2t$ wird durch partielle Integration berechnet.

Es gilt, wovon man sich durch Verifizierung überzeugt: $\int t \cdot \sin 2t \cdot dt = \frac{\sin 2t}{4} - \frac{t \cdot \cos 2t}{2}$

Damit ergibt das Integral bei Beachtung der Grenzen $\displaystyle\int_0^{\frac{\pi}{2}} \vec{A} \cdot \vec{dr} = \ldots\ldots\ldots\ldots$

Nun geht es weiter mit den Lehrschritten im **unteren Drittel der Seiten**.

Lehrschritt 49 finden Sie unter den Lehrschritten 19 und 34. BLÄTTERN SIE ZURÜCK   ▷49

63

$$W = mg\, R_1^2 \int_{R_1}^{R_2} \frac{dR}{R^2}$$

$$W = mg\, R_1^2 \left[-\frac{1}{R} \right]_{R_1}^{R_2}$$

$$W = mg\, R_1^2 \left(\frac{1}{R_1} - \frac{1}{R_2} \right)$$

Sie haben das   des Kapitels erreicht.

0

Kapitel 17

Oberflächenintegrale

1

Der Vektorfluß durch eine Fläche

Dieses Kapitel setzt voraus, daß Sie das Kapitel 13 bearbeitet haben. Funktionen mehrerer Variablen, skalare Felder und Vektorfelder müssen Ihnen bekannt sein. Auch eine kurze Wiederholung des Kapitels 13 könnte für Sie nützlich sein.

STUDIEREN SIE im Lehrbuch   17.1 Der Vektorfluß durch eine Fläche
                                  Lehrbuch, Seite 80 - 82

BEARBEITEN SIE DANACH Lehrschritt   -------------------------------- ▷

22

Leider falsch!

Suchen Sie sich aus dem Lehrbuch die Konvention über die Richtung der Flächenvektoren für den Fall geschlossener und nichtgeschlossener Flächen heraus und notieren Sie sich diese.

Die orientierten Flächenelemente stehen

    a) senkrecht auf der Oberfläche

    b) zeigen bei geschlossenen Flächen *immer* nach ....

-------------------------------- ▷   23

43

$$\oint \vec{F} \cdot d\vec{A} = \oint \frac{dA}{r^2} = 4\pi R^2 \cdot \frac{1}{R^2} = 4\pi$$

....

Gegeben ist ein radialsymmetrisches Kraftfeld $\vec{F}(r)$:

$$\vec{F}(r) = \frac{a}{r^3}\,\vec{e}_r \qquad\qquad \vec{e}_r = \frac{\vec{r}}{r}$$

Wie groß ist der Fluß des Kraftfeldes $\vec{F}(r)$ durch eine Kugelfläche, die den Abstand R vom Kraftzentrum hat (das Kraftzentrum liegt bei $r = 0$)?

Lösung gefunden   -------------------------------- ▷   45

Erläuterung oder Hilfe erwünscht   -------------------------------- ▷   44

In Abschnitt 17.1 wurden mehrere neue Begriffe definiert.

Welche waren es? An vier von ihnen sollten Sie sich erinnern. Schreiben Sie sie auf:

1. ....

2. ....

3. ....

4. ....

-- ▷   3

außen

Dies war die Konvention: Die Richtung der orientierten Flächenelemente steht senkrecht zum Flächenelement und zeigt bei geschlosssenen Flächen nach außen.

------------------------------------- ▷   24

Das Kraftfeld ist $F(r) = \frac{a}{r^3} \cdot \vec{e}_r$, mit $\vec{e}_r = \frac{\vec{r}}{r}$

Gesucht $\oint \vec{F} d\vec{A}$

1. Hinweis: Es handelt sich um ein radialsymmetrisches Feld der Form $\vec{F} = f(r) \cdot \vec{e}_r$.

2. Hinweis: $\oint \vec{F} d\vec{A}$ für den obigen Fall ist allgemein gegeben auf Seite 87 des Lehrbuches.

$$\oint \vec{F} \cdot d\vec{A} = \ldots\ldots\ldots\ldots$$

-------------------------------- ▷   45

3

Stromdichte $\vec{j}$

Strom I

Vektorielles Flächenelelement $\vec{A}$

Fluß eines homogenen Vektorfeldes $\vec{F}$ durch eine Fläche $\vec{A}$.

Versuchen Sie zunächst aus dem Gedächtnis, dann anhand Ihres Exzerptes die Bedeutungen und Definitionen sinngemäß zu reproduzieren.

Schreiben Sie Bedeutungen und Definitionen auf einen Zettel und bearbeiten Sie erst dann

------------------------------- ▷   4

24

Berechnung des Oberflächenintegrals für Spezialfälle

Der Fluß eines homogenen Feldes durch einen Quader

STUDIEREN SIE im Lehrbuch   17.3.1 Der Fluß eines homogenen Feldes
                                 durch einen Quader

                                 Lehrbuch, Seite 85 - 86

BEARBEITEN SIE DANACH Lehrschritt   -------------------------------- ▷   25

45

$$\oint \frac{a}{r^3}\, \vec{e}_r\, d\vec{A} = \oint f(r)\, \vec{e}_r\, d\vec{A} = 4\pi\, R^2 \cdot f(R) = 4\pi R^2 \cdot \frac{a}{R^3} = \frac{4\pi a}{R}$$

------------------------------- ▷   46

$\boxed{4}$

Stromdichte j : Der Betrag von *j* gibt die durch eine Querschnittsfläche *A* hindurchfließende Menge pro Zeiteinheit und Querschnittsfläche an:

$$j = \frac{Menge}{Zeit \times Querschnittsfläche}$$

Strom I: Er ist die durch einen Querschnitt hindurchfließende Menge pro Zeit.

Vektorielles Flächenelement: $\vec{A}$ ist ein Vektor, der senkrecht auf der Fläche steht und dessen Betrag gleich dem Flächeninhalt $\vec{A}$ ist.

Fluß eines homogenen Vektorfeldes $\vec{F}$ durch eine Fläche $\vec{A}$ ist gegeben durch $\vec{F} \cdot \vec{A}$.

------------------------------ ▷   5

$\boxed{25}$

Entscheiden Sie bei den folgenden Vektorfeldern, ob sie homogen oder inhomogen sind. Falls Sie die Definition des homogenen Vektorfeldes nicht sicher erinnern, wiederholen Sie die Definition, indem Sie im Register die Seitenzahlen ermitteln und nachlesen.

	homogenes Vektorfeld ja	nein
1. $\vec{F} = \frac{(x,y,z)}{x^2+y^2+z^2}$	☐	☐
2. $\vec{F} = (1, 0, x)$	☐	☐
3. $\vec{F} = (y, z, x)$	☐	☐
4. $\vec{F} = (6, 3, 5)$	☐	☐
5. $\vec{F} = (2, 0, 0)$	☐	☐

------------------------------ ▷   26

$\boxed{46}$

Die Berechnung des Oberflächenintegrals im allgemeinen Fall

Im Abschnitt 17.4 wird beschrieben, wie das Oberflächenintegral im allgemeinen Fall berechnet wird. Dieser Abschnitt ist etwas formal und schwieriger. Dennoch lohnt es sich, den Abschnitt zu bearbeiten, wenn Sie nicht gerade unter Zeitdruck stehen oder mit dem Lehrstoff große Schwierigkeiten haben. Aber entscheiden Sie selbst.

Möchte den Abschnitt 17.4 überschlagen und sofort weitergehen   ---------------- ▷   54

Möchte den Abschnitt 17.4 studieren. Dann

STUDIEREN SIE im Lehrbuch   17.4 Die Berechnung des Oberflächenintegrals im
                                        allgemeinen Fall
                                        Lehrbuch, Seite 88 - 91

BEARBEITEN SIE DANACH Lehrschritt   ------------------------------ ▷   47

5

Gesucht ist der Fluß eines Vektorfeldes durch eine ebene quadratische Fläche mit dem Flächeninhalt A. Die Fläche $\vec{A}$ liege in der y-z-Ebene. Die Flüssigkeitsströmung treffe in einem Winkel β, $\beta < \frac{\pi}{2}$, auf die Fläche.

Der überall konstante Stromdichtevektor sei $\vec{j} = (-j_x, j_y, 0)$

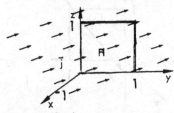

Wir zerlegen die komplexe Aufgabe in Teilaufgaben.

1. Wir bestimmen zuerst $\vec{A}$ mit $|\vec{A}| = A$

2. Wir berechnen den Fluß $\vec{j} \cdot \vec{A}$.

Der Fluß beträgt $I = \dots\dots\dots\dots$

Lösung gefunden .... ▷ 11

Erläuterung oder Hilfe erwünscht .... ▷ 6

26

F homogen:

	ja	nein
1.	☐	☒
2.	☐	☒
3.	☐	☒
4.	☒	☐
5.	☒	☐

keine Fehler gemacht .... ▷ 30

Fehler gemacht .... ▷ 27

47

Eine rechteckige Fläche A sei gegeben durch die Punkte $P_0 = (0, 0, 0)$, $P_1 = (4, 0, 0)$ und $P_3 = (4, 0, 3)$. Das nichthomogene Vektorfeld sei gegeben durch $\vec{F} = (0, 2x, 0)$.

Berechnen Sie $\int\limits_A \vec{F} \, d\vec{A} = \dots\dots\dots\dots$

Lösung gefunden .... ▷ 53

Erläuterung oder Hilfe erwünscht .... ▷ 48

6

Beginnen wir mit der Bestimmung des vektoriellen Flächenelementes $\vec{A}$.

Wir beachten, daß die quadratische Fläche in der z-y-Ebene liegt. Also hat $\vec{A}$ die Richtung der x-Achse.

$$\vec{A} = A(+1, 0, 0) \quad \text{oder} \quad \vec{A} = A(-1, 0, 0)$$

Die Richtung von $\vec{A}$ legen wir so fest, daß sie mit j

einen Winkel einschließt, der kleiner ist als $\frac{\pi}{2}$.

Also gilt für $\vec{A}$: $\vec{A}$ = ...

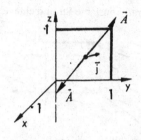

------------------------------------ ▷   7

27

Es ist in diesem Fall zweckmäßig, den Abschnitt über *homogene Vektorfelder* zu wiederholen. Die Aufgaben war nur mit Verständnis zu lösen. Rechenfehler sind nicht gut möglich.

1. Im Register das Stichwort *homogene Vektorfelder* suchen (Vektorfelder, homogene)

2. Nachlesen und danach ankreuzen.

	homogen	nicht homogen
1. $\vec{F} = \dfrac{(1, 2, 3)}{x^2 + y^2 + z^2}$	☐	☐
2. $\vec{F} = (\dfrac{1}{x}, \dfrac{1}{y}; \dfrac{1}{z})$	☐	☐
3. $\vec{F} = (1, 0, 0)$	☐	☐
4. $\vec{F} = (x, 0, 0)$	☐	☐
5. $\vec{F} = (1, 1, 1)$	☐	☐

------------------------------ ▷   28

48

Hier handelt es sich um ein inhomogenes Feld, das – und damit wird die Sache einfacher – nur eine Komponente in y-Richtung hat. Das Feld ändert sich in x-Richtung wegen

$$\vec{F} = (0, 2x, 0) .$$

Um $I = \int\limits_{A} \vec{F} \, d\vec{A}$ zu erhalten, gehen wir systematisch vor und bestimmen $\vec{F}$ und $d\vec{A}$

$$\vec{F} = ...$$

$$d\vec{A} = ...$$

$$I = ...$$

Hilfe und Erläuterung ------------------------------ ▷   49

Lösung ------------------------------ ▷   51

$$7$$

$\vec{A} = A(-1, 0, 0)$

....

Alles klar   ----------------------------- ▷   9

Weitere Erläuterung   ----------------------------- ▷   8

$$28$$

	homogen	nicht homogen
1.	☐	☒
2.	☐	☒
3.	☒	☐
4.	☐	☒
5.	☒	☐

Alles richtig   --------------------------------- ▷   30
Noch Fehler gemacht   --------------------------------- ▷   31

$$49$$

Die Teilaufgabe war, $\vec{F}$ und $d\vec{A}$ zu bestimmen für den Ausdruck $I = \int_A \vec{F}\, d\vec{A}$

Schwierigkeiten kann es geben bei der Bestimmung von $d\vec{A}$. Die Fläche A liegt in der x-z-Ebene und das vektorielle Flächenelement zeigt demzufolge in die y-Richtung.

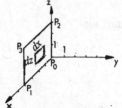

Ein differentielles Flächenelement ist für kartesische Koordinaten hier gegeben durch $|d\vec{A}| = dx \cdot dz$.
Vektoriell geschrieben erhalten wir dann ein vektorielles Flächenelement in y-Richtung mit dem Betrag $dx\, dz$ also:
$$d\vec{A} = (\ldots\ldots\ldots)$$

$\vec{F}$ ist bereits in der Aufgabe gegeben worden zu $\vec{F} = (0, 2x, 0)$ -------------------- ▷   50

8

Die Fläche liegt in der z-y-Ebene. Die gerichtete Fläche $\vec{A}$ hat nur eine Komponente in x-Richtung. Dafür gibt es zwei Möglichkeiten: $\vec{A} = A(1, 0, 0)$ oder $\vec{A} = A(-1, 0, 0)$. Weiter müssen wir die Konvention berücksichtigen, daß $\vec{A}$ mit $\vec{j}$ bis auf einen Winkel übereinstimmt, der kleiner ist als $\frac{\pi}{2}$.

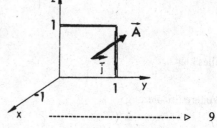

In unserer Aufgabe ist die x-Komponente von $\vec{j}$ negativ. Also zeigt auch $\vec{A}$ in Richtung der negativen x-Achse.

Also gilt $A = (-1, 0, 0)$

---------------------------------- ▷   9

29

Haben Sie wirklich über das Register das Stichwort *Vektorfelder, homogene* gesucht?

Aber wie auch immer – jetzt ist es wirklich notwendig, die Aufgaben in Lehrschritt 25 und 27 anhand des Lehrbuchabschnittes über homogene Vektorfelder, zu lösen.

---------------------------------- ▷   30

50

$\vec{F} = (0, 2x, 0)$
$d\vec{A} = (0, dxdz, 0)$

Zu bestimmen war der Strom $I = \int\limits_{A} \vec{F}\, d\vec{A}$.

Setzen Sie ein und rechnen Sie unter dem Integral das Skalarprodukt aus

$$I = \int\limits_{A} \vec{F}\, d\vec{A} = \int\limits_{A} (0, 2x, 0) \cdot (0, dxdz, 0) = \int\limits_{A} \ldots\ldots\ldots\ldots$$

---------------------------------- ▷   51

9

Wir hatten den Flächenvektor $\vec{A}$ bestimmt:

$$\vec{A} = A(-1, 0, 0)$$

Jetzt können wir den Fluß I von $\vec{j}$ durch die Fläche $\vec{A}$ bestimmen.

$$\vec{j} = (-j_x, \ j_y, 0)$$

$$I = \vec{j} \cdot \vec{A} = \ldots\ldots\ldots\ldots$$

Lösung gefunden ----------------------------------- ▷ 11

Erläuterung oder Hilfe erwünscht ----------------------------------- ▷ 10

30

Sehr gut so!

Wie groß ist der Fluß des Feldes $\vec{F}(x, y, z) = (1, 4, 3)$ durch einen Quader, dessen Seitenkanten parallel an den Koordinatenachsen liegen?

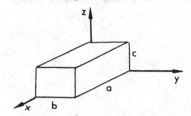

Fluß I des Vektorfeldes $\vec{F}$ durch den Quader:

$$I = \ldots\ldots\ldots\ldots$$

Lösung --------------------------------- ▷ 32

Hilfe und Erläuterung --------------------------------- ▷ 31

51

$$\int\limits_A \vec{F}\, d\vec{A} = \int\limits_A 2x\, dx\, dz$$

Es handelt sich hier um ein für die Fläche A auszuführendes Integral. Es ist korrekt geschrieben ein Doppelintegral. Setzen Sie die Grenzen ein, die durch unsere Fläche A gegeben sind.

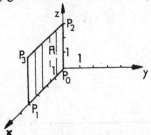

$$\int\limits_A 2x\, dx\, dz = \int\limits_{x=\ldots}^{\cdots} \int\limits_{z=\ldots}^{\cdots} 2x\, dx\, dz$$

--------------------------------- ▷ 52

$\boxed{10}$

Das Skalarprodukt zweier Vektoren $\vec{a} = (a_x, a_y, a_z)$ und $\vec{b} = (b_x, b_y, b_z)$ ist definiert durch

$$\vec{a} \cdot \vec{b} = a_x b_x + a_y b_y + a_z b_z$$

Damit wird

$$\vec{j} \cdot \vec{A} = (-j_x, \ j_y, 0) \cdot (-A, 0, 0) = \dots\dots\dots\dots$$

$\triangleright$ 11

$\boxed{31}$

Hinweis: $\vec{F} = (1, 4, 3)$ Dies ist ein homogenes Vektorfeld und damit gilt die Regel 17.7 auf Seite 86 des Lehrbuches.

Wie groß ist der Fluß des Feldes $\vec{F}(x, y, z) = (1, 4, 3)$ durch einen Quader, dessen Seitenkanten parallel an den Koordinatenachsen liegen?

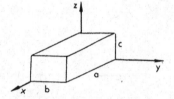

$I = \dots\dots\dots\dots$

$\triangleright$ 32

$\boxed{52}$

$$\int_A 2x \, dx \, dz = \int_{x=0}^{4} \int_{z=0}^{3} 2x \, dx \, dz$$

Das Doppelintegral können Sie lösen. Sie haben dies in Kapitel 15 in Abschnitt 15.6 gelernt. Notfalls dort nachsehen.

$$I = \int_A 2x \, dx \, dz = \int_{x=0}^{4} \int_{z=0}^{3} 2x \, dx \, dz = \dots\dots\dots\dots$$

$\triangleright$ 53

11

$$I = j_x \cdot A$$

Die Begriffe
„vektorielles Flächenelement",
„Flächenvektor",
„orientierte Fläche"
sind gleich-bedeutend. Geben Sie
die Flächenvektoren zu den vier
Flächen an. Flächeninhalt A.

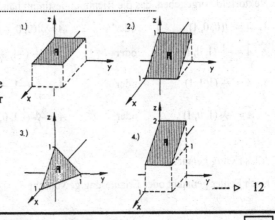

---- ▷ 12

32

$$I = 0$$

Für welche Fläche hat der Fluß des homogenen Feldes $\vec{F} = (0, 1, 0)$ einen von Null verschiedenen Wert. Die Flächen sind geschlossen.

Kreuzen Sie an:

Quader	Kugel	Ellipsoid	Hantel
☐	☐	☐	☐

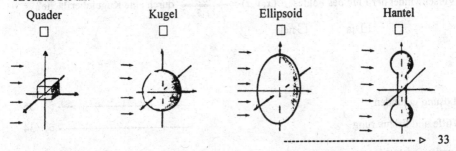

---------------------------------- ▷ 33

53

$$I = \int\limits_A \vec{F} \, d\vec{A} = 48$$

Ganz herzlichen Glückwunsch, daß Sie sich durch diese etwas schwierigen Überlegungen hindurchgearbeitet haben.

---------------------------------- ▷ 54

$$\boxed{12}$$

Es gibt jeweils zwei Lösungen, die sich durch das Vorzeichen unterscheiden. Hier ist kein Vektorfeld vorgegeben, das die Richtung bestimmt hätte.

1. $\vec{A} = A(0, 0, 1)$ oder $\vec{A} = A(0, 0, -1)$

2. $\vec{A} = \frac{A}{\sqrt{2}}(1, 0, 1)$ oder $\vec{A} = \frac{A}{\sqrt{2}}(-1, 0, -1)$

3. $\vec{A} = \frac{A}{\sqrt{3}}(1, 1, 1)$ oder $\vec{A} = \frac{A}{\sqrt{3}}(-1, -1, -1)$

4. $\vec{A} = \frac{A}{\sqrt{2}}(1, 0, 1)$ oder $\vec{A} = \frac{A}{\sqrt{2}}(-1, 0, -1)$

Alles richtig gemacht   ----------------------------- ▷ 16

Noch Fehler gemacht oder Erläuterung gewünscht   ----------------------- ▷ 13

$$\boxed{33}$$

Für keine Fläche. Der Fluß verschwindet in *allen* Fällen. Das Vektorfeld ist homogen, die Flächen sind geschlossen.

Verschwindet der Fluß des Feldes $\vec{F}(x, y, z) = \dfrac{(x, y, z)}{\sqrt{x^2 + y^2 + z^2}}$ durch eine Kugeloberfläche?

     ☐ ja   ☐ nein

Lösung gefunden   ----------------------------- ▷ 36

Hilfe und Erläuterung   ----------------------------- ▷ 34

$$\boxed{54}$$

Fluß des elektrischen Feldes einer Punktladung
durch eine Kugeloberfläche mit Radius R.

Hier wird die Anwendung von Abschnitt 17.3.2 auf ein physikalisches Problem dargestellt.

STUDIEREN SIE im Lehrbuch   17.5 Fluß des elektrischen Feldes einer Punktladung
                                      durch eine Kugeloberfläche mit Radius R
                                      Lehrbuch, Seite 92

BEARBEITEN SIE DANACH Lehrschritt   ----------------------------- ▷ 55

13

$\vec{A}$ muß senkrecht auf A stehen.

Also suche man zunächst einen beliebigen Vektor, der senkrecht auf der Fläche steht.

a = unbestimmte Konstante.

  1. $\vec{A} = a\,(0, 0, 1)$

  2. $\vec{A} = a\,(1, 0, 1)$

  3. $\vec{A} = a\,(\ldots\ldots)$

  4. $\vec{A} = a\,(\ldots\ldots)$

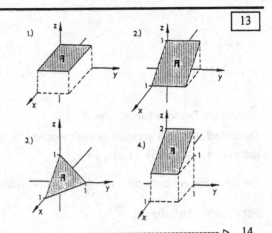

-- ▷ 14

34

Die Kugeloberfläche ist geschlossen.

Gegeben ist das Vektorfeld $\vec{F}\,(x, y, z) = \dfrac{(x,y,z)}{\sqrt{x^2+y^2+z^2}}$. Es ist nicht homogen.

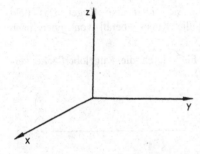

Zeichnen Sie die Vektoren des Vektorfeldes $\vec{F}$ entlang der Achsen in das Koordinatensystem.

-- ▷ 35

55

Hier ist wenig abzufragen.

Die Rechnung in 17.5 erklärt sich selbst. Hier liegt einer der Fälle vor, daß durch das Einsetzen der physikalischen Größen die Ausdrücke einfacher werden.

Das ist kein Zufall.

Bei der Definition der physikalischen Größen ist das in diesem Fall beabsichtigt gewesen.

-- ▷ 56

14

1. $\vec{A} = a\,(0, 0, 1)$ 2. $\vec{A} = a\,(1, 0, 1)$

3. $\vec{A} = a\,(1, 1, 1)$ 4. $\vec{A} = a\,(1, 0, 1)$

$\vec{A}$ muß den Betrag A haben: $|\vec{A}| = A$.

Dafür muß a jeweils geeignet gewählt werden. Für die erste Aufgabe ist unmittelbar klar, daß gilt: $\vec{A} = A\,(0, 0, 1)$ also ist $a = 1$.

Für die zweite Aufgabe gilt $\vec{A} = \frac{A}{\sqrt{2}}(1, 0, 1)$. Verifizierung: $A^2 = \frac{A^2}{2}(1 + 1)$

Für die dritte Aufgabe gilt: $\vec{A} = \ldots\ (1, 1, 1)$

------------------------------------- ▷   15

35

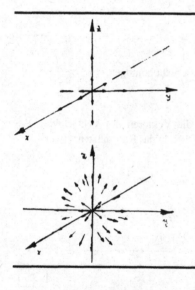

Mit Vektoren auch in anderen Richtungen als entlang der Achsen, sieht das Feld so aus, wie es links unten gezeichnet ist.

Denken Sie sich jetzt eine Kugel. Das Feld durchstößt die Kugel überall von innen nach außen.

Kann der Fluß durch die Kugeloberfläche verschwinden?

------------------------------------- ▷   36

56

Vor dem Abschluß noch eine kurze Wiederholung des ganzen Kapitels.

In einem Vektorfeld $\vec{F}$ befinde sich eine quadratische Fläche A mit dem Flächeninhalt 2.

a) Geben Sie den Flächenvektor $\vec{A}$ an. $\vec{A} = \ldots\ldots\ldots\ldots\ldots$

b) Zeichnen Sie den Flächenvektor ein.

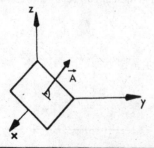

------------------------------------- ▷   57

$$\boxed{15}$$

$\vec{A} = \frac{A}{\sqrt{3}}(1, 1, 1)$ $\qquad\qquad$ Verifizierung: $(\vec{A})^2 = \frac{A^2}{3}(1 + 1 + 1) = A^2$

Systematischer Lösungsweg: $\vec{A} = a\,(a_x, a_y, a_z)$

Forderung: $|\vec{A}| = A$ oder $(\vec{A})^2 = A^2$ $\quad$ Also gilt: $A^2 = a^2(a_x^2 + a_y^2 + a_z^2)$

$$a = \frac{A}{\sqrt{a_x^2 + a_y^2 + a_z^2}}$$

Hier ist kein Vektorfeld vorgegeben, durch das die Richtung des Flächenvektors festgelegt wäre. Man kann in diesem Fall beim Flächenvektor die Vorzeichen vertauschen.

-------------------------------- ▷ 16

$$\boxed{36}$$

NEIN.

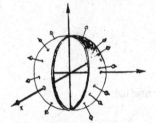

Der Fluß von $\vec{F} = \frac{(x,y,z)}{\sqrt{x^2+y^2+z^2}}$ durch eine Kugeloberfläche verschwindet keineswegs. Überall tritt das Vektorfeld aus der Kugeloberfläche heraus.

Ein Feld $\vec{F}$ ist genau dann radialsymmetrisch, wenn es

1. . . . .
2. . . . .

Falls Sie sich nicht sicher sind, sehen Sie im Lehrbuch nach: Abschnitt 13.5.2 ------ ▷ 37

$$\boxed{57}$$

a) $A = (0, \sqrt{2}, \sqrt{2})$ oder $A = \sqrt{2}\,(0, 1, 1)$ $\qquad$ b)

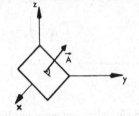

Berechnen Sie nun für diese Fläche A
den Fluß I für drei Vektorfelder

$\vec{F}_1 = (0, 6, 0)$ $\qquad\qquad$ $I_1 = $ . . . .

$\vec{F}_2 = (0, 2, 1)$ $\qquad\qquad$ $I_2 = $ . . . .

$\vec{F}_3 = (6, 0, 0)$ $\qquad\qquad$ $I_3 = $ . . . .

-------------------------------- ▷ 58

16

Das Oberflächenintegral

STUDIEREN SIE im Lehrbuch   17.2   Das Oberflächeninteral
                                          Lehrbuch, Seite 82 - 84

BEARBEITEN SIE DANACH Lehrschritt   --------------------------------- ▷   17

37

Ein Vektorfeld ist radialsymmetrisch, wenn es

1. radiale Richtung hat und

2. sein Betrag nur von r abhängt.

Entscheiden Sie, ob folgendes Vektorfeld Radialsymmetrie hat:

$$\vec{F}(x,y,z) = \frac{(x,y,z)}{\sqrt{x^2+y^2+z^2}^3} = \frac{\vec{r}}{r^3}$$

Lösung gefunden   --------------------------------- ▷   40

Erläuterung oder Hilfe erwünscht   --------------------------------- ▷   38

58

$$I_1 = 6 \cdot \sqrt{2} \qquad\qquad I_2 = 3\sqrt{2} \qquad\qquad I_3 = 0$$

....

Gegeben sei ein radialsymmetrisches Vektorfeld $\vec{j}$

$|\vec{j}|$ sei konstant. Wie groß ist der Fluß I von $\vec{j}$ durch eine Kugel mit dem Radius R?

$$I = \dots\dots\dots\dots$$

--------------------------------- ▷   59

17

Das folgende Integral heißt . . . .

$$I = \oint \vec{F} \cdot d\vec{A}$$

Der Kreis in dem Integralzeichen $\oint \vec{F} \cdot d\vec{A}$ symbolisiert, daß die Integration über eine

. . . . Fläche erstreckt wird.

----------------------------------- ▷ 18

38

Skizzieren Sie in das Koordinatensystem auf den Koordinatenachsen einige Vektoren des Feldes $\vec{F} = \dfrac{\vec{r}}{r^3}$

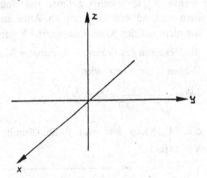

----------------------------------- ▷ 39

59

$$I = \int \vec{j} \, d\vec{A} = 4\pi R^2 \, |\vec{j}|$$

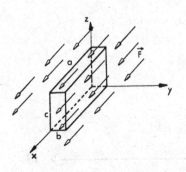

Wie groß ist der Fluß ϕ des Vektorfeldes $\vec{F} = (1, 0, 0)$ durch den gezeichneten Quader mit den Kanten $a = 6$, $b = 1$, $c = 3$.

$\phi = $ . . . .

----------------------------------- ▷ 60

18

Oberflächenintegral
geschlossene
....

Geben Sie mindestens drei Beispiele für geschlossene Flächen an.

1. . . . .

2. . . . .

3. . . . .

-- ▷   19

39

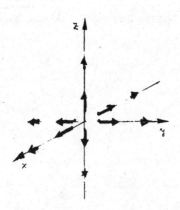

So könnte Ihre Zeichnung aussehen. Die Vektoren zeigen nach außen in die Achsenrichtung

Wegen r^3 im Nenner nehmen die Beträge mit dem Abstand vom Ursprung ab. Auch an Stellen, die nicht auf den Koordinatenachsn liegen, zeigen die Vektoren des Feldes $\vec{A}$ in radialer Richtung.

Wegen $|(x,y,z)| = r$ wird

$$|\vec{F}| = \frac{(x,y,z)}{\sqrt{x^2+y^2+z^2}^{\,3}} = \frac{r}{r^3} = \frac{1}{r^2}$$

d.h. $\vec{F}$ hängt nur von r ab. Somit ist das Vektorfeld $\vec{F}$ . . . .

-------------------------------- ▷   40

60

$\phi = 0$
....

Gegeben sei $\vec{F} = (0,5,\ 0,\ -0,5)$

Geben Sie den Fluß an für drei Flächen.

$\vec{A}_1 = (1, 1, 0)$ $I_1 = $ . . . .

$\vec{A}_2 = (1, 0, 1)$ $I_2 = $ . . . .

$\vec{A}_3 = (1, 1, 1)$ $I_3 = $ . . . .

-------------------------------- ▷   61

19

Prüfen Sie Ihre Beispiele anhand der Definition (17.5) des Lehrbuches und mit Hilfe der im Lehrbuch angeführten Beispiele.

Diese Art der Selbstkontrolle liefert Ihnen keine sichere Antwort, ob Sie den Begriff *geschlossene Fläche* richtig erfaßt haben. Man verwendet diese schwierigere und umständlichere Art der Selbstkontrolle immer dann, wenn bei Aufgaben keine Lösungen vorliegen.

Dies ist die allgemeine Situation in der Forschung und in der Praxis. Dort kann man sich auch auf keine Autorität verlassen und muß sehr, aber auch sehr genau prüfen, ob die eigenen Überlegungen korrekt sind.

------------------------------ ▷ 20

40

F ist radialsymmetrisch.

Begründung: $\vec{F} = \frac{(x,y,z)}{\sqrt{x^2+y^2+z^2}}$ zeigt in radiale Richtung und $|\vec{F}| = \frac{1}{r^2}$ hängt nur von *r* ab.

------------------------------ ▷ 41

61

$I_1 = 0,5$ \qquad\qquad $I_2 = 0$ \qquad\qquad $I_3 = 0$

Hinweis zur Arbeitstechnik Informationssuche.

In diesem Leitprogramm wiederholte sich die Aufgabe: Suchen Sie im Register ein Stichwort.

Dies ist Absicht. Registerbenutzung muß zur Gewohnheit werden. Niemand kann alles behalten – und niemand kann von allem wissen, wo es ausführlich steht.

Aber fast alles steht im Register.

Stoppen Sie einmal die Zeit, die Sie brauchen, um das Stichwort Zylindersymmetrie im Lehrbuch über das Register anzusteuern.

10 sec \qquad 20 sec \qquad 40 sec \qquad 80 sec \qquad 160 sec

------------------------------ ▷ 62

20

Die Richtung des vektoriellen Flächenelementes oder der orientierten Flächenelemente ist bei geschlossenen Flächen

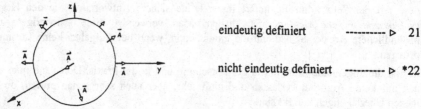

eindeutig definiert   --------- ▷ 21

nicht eindeutig definiert   --------- ▷ *22

*Ab Lehrschritt 22 geht es weiter auf der **Mitte der Seiten**.
Lehrschritt 22 finden Sie unterhalb Lehrschritt 1. BLÄTTERN SIE, bitte, ZURÜCK

41

Der Fluß eines radialsymmetrischen Feldes durch eine Kugeloberfläche.

Hier wird die Berechnung von Oberflächenintegralen radialsymmetrischer Felder über eine Kugelschale gezeigt. Das ist ein für die Physik sehr wichtiger Sonderfall.

STUDIEREN SIE im Lehrbuch   17.3.2 Der Fluß eines radialsymmetrischen Feldes
                                          durch eine Kugeloberfläche
                                          Lehrbuch, Seite 87

BEARBEITEN SIE DANACH Lehrschritt   -------------------------------- ▷ 42

62

Normale Suchzeiten liegen bei 10-30 sec. Das ist nicht viel.

Wer unbekannte oder vergessene Begriffe überliest und darauf wartet, daß sie ihm später von selbst klar werden, wartet meist vergebens (Beckett hat dies gestaltet in „Warten auf Godot").

Oft verursachen vergessene Begriffe Lernschwierigkeiten, die Sie mehr Zeit kosten, als rasch im Register nachzusehen und die Begriffskenntnis aufzufrischen. Man kann es sich angewöhnen, bei unbekannten Begriffen aufzumerken, innezuhalten und im Register oder in einem Lexikon nachzuschauen.. Es ist eine gute Angewohnheit und per saldo auch eine zeitsparende Angewohnheit.

-------------------------------- ▷ 63

21

Richtig! Bei geschlossenen Flächen ist das Vorzeichen eindeutig definiert.

Bei geschlossenen Flächen ist die Richtung so festgelegt, daß die Flächenvektoren nach
.... zeigen.

Jetzt geht es weiter mit den Lehrschritten **auf der Mitte der Seiten**.
Sie finden Lehrschritt 23 unter Lehrschritt 2.
BLÄTTERN SIE ZURÜCK und SPRINGEN SIE auf   -------------------------------- ▷   23

42

Berechnen Sie das Oberflächenintegral $\oint \vec{F} \cdot d\vec{A}$ des Feldes $\vec{F} = \dfrac{\vec{e}_r}{r^2}$ mit $\vec{e}_r = \dfrac{\vec{r}}{r}$ über eine
Kugeloberfläche mit dem Radius R.
Zu berechnen ist also der Fluß von $\vec{F}$ durch die Kugeloberfläche.

$$\oint \vec{F} \cdot d\vec{A} = \ldots\ldots\ldots\ldots$$

Jetzt geht es weiter mit den Lehrschritten **unten auf den Seiten**.
Sie finden Lehrschritt 43 unter den Lehrschritten 1 und 22.
BLÄTTERN SIE ZURÜCK   -------------------------------- ▷   43

62

Die Tendenz, Unverstandenes zu überlesen ist natürlich, weit verbreitet und überlebens-
notwendig. Niemand kann alles verstehen. Wenn wir aber beim Lesen nicht einmal mehr
merken, daß uns Wörter und Begriffe unbekannt sind, kann dies sehr unerwünschte Folgen
haben. Trainieren Sie daher Ihre Fähigkeit, Unbekanntes als unbekannt wahrzunehmen und
bauen Sie selbst Ihre Hemmschwelle ab, Lexika, Wörterbücher und Register zu benutzen.
Als Faustregel könnte während Ihres Studiums gelten, mindestens einmal am Tag ein
Lexikon, Wörterbuch oder Register benutzen

Sie haben das   dieses Kapitels erreicht.

0

Kapitel 19

Koordinatentransformationen und Matrizen

1

Einleitung

In der Einleitung wird gezeigt, in welchem Umfang der Rechenaufwand von der problemgerechten Wahl des Koordinatensystems abhängen kann.

STUDIEREN SIE im Lehrbuch   19.0   Einleitung

Lehrbuch, Seite 112 - 114

BEARBEITEN SIE DANACH Lehrschritt   ---------------------------------- ▷ 2

22

a) $\tan \varphi = 1$ $\varphi = \dfrac{\pi}{4}$ oder $\varphi = 45°$

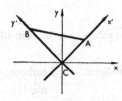

b) $A' = (2\sqrt{2}\,,0)$

$B' = (0,3\sqrt{2})$

---------------------------------- ▷ 23

43

Benutzen Sie das Schema:

Das Skalarprodukt aus der 1. Zeile von A und der 1. Spalte von B ist: $3 \cdot 0 + 2\,(-1) = -2$.

Das Skalarprodukt aus der 2. Zeile von A und der 1. Spalte von B ist $3 \cdot 6 + 1\,(-1) = 17$.

Vervollständigen Sie nun die 2. Spalte.

$$\begin{pmatrix} 3 & 0 \\ -1 & 4 \end{pmatrix} = B$$

$$A \cdot B = \begin{pmatrix} 0 & 2 \\ 6 & 1 \end{pmatrix} \begin{pmatrix} -2 & \cdots \\ 17 & \cdots \end{pmatrix}$$

---------------------------------- ▷ 44

2

Welche Typen von Transformationen wurden in der Einleitung genannt?
Können Sie zwei aus dem Gedächtnis rekapitulieren?

1................................

2................................

-------------------------------- ▷   3

23

Das war das Notwendige über Drehungen im zweidimensionalen Raum.

Das Ergebnis von *zwei* hintereinander ausgeführten Drehungen um die Winkel φ und Ψ ist *einer* Drehung um den Winkel $(\varphi + \Psi)$ gleichwertig. Dieser Satz wird im Lehrbuch systematisch abgeleitet.

Sie haben jetzt die Wahl:

Gleich weitergehen und Abschnitt 19.2.2 überspringen -------------------------------- ▷   24

Ableitung studieren: Lehrbuch, Abschnitt 19.2.2

Seite 119 - 120   -------------------------------- ▷   24

44

$$\begin{pmatrix} -2 & 8 \\ 17 & 4 \end{pmatrix}$$

Berechnen Sie noch $\begin{pmatrix} 0 & 1 & 1 \\ 0 & 0 & -1 \\ 1 & 0 & 0 \end{pmatrix} \cdot \begin{pmatrix} 2 & 1 & 0 \\ 0 & -1 & 0 \\ 1 & 1 & -2 \end{pmatrix} =$ ....

Benützen Sie das Hilfsschema.

-------------------------------- ▷   45

3

1. Koordinatenverschiebung oder Translation.

2. Drehungen im 2- und 3-dimensionalen Raum.

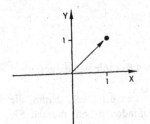

Zeichnen Sie ein Koordinatensystem, das um den Winkel $\varphi = 45°$ gedreht ist. Geben Sie die Koordinaten für den Ortsvektor $r = (1, 1)$ im neuen System an.

$r' = $ ....

▷   4

24

Drehungen im dreidimensionalen Raum

STUDIEREN SIE im Lehrbuch   19.2.3   Drehungen im dreidimensionalen Raum

Lehrbuch, Seite 121 - 122

BEARBEITEN SIE DANACH Lehrschritt ▷   25

45

$$\begin{pmatrix} 1 & 0 & -2 \\ -1 & -1 & 2 \\ 2 & 1 & 0 \end{pmatrix}$$

Lösung gefunden ▷   48

Fehler gemacht ▷   46

4

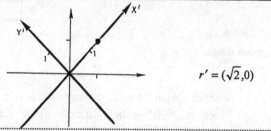

$$r' = (\sqrt{2},0)$$

In Lehrbüchern werden die Probleme meist bereits in geeigneten Koordinaten dargestellt. Dann ist die Arbeit bereits getan.

Wenn Sie jedoch selbständig ein Problem lösen müssen, geht es oft genau darum, die geeigneten Koordinaten zu finden. Und wenn Sie diese gefunden haben, müssen Sie verschiedene Koordinaten ineinander umrechnen können.

Daher üben wir hier Koordinatentransformationen.

------------------------------- ▷   5

25

Das dreidimensionale Koordinatensystem wird um die z-Achse gedreht.

Der Drehwinkel sei $\frac{\pi}{2}$.

Berechnen Sie die neuen Komponenten des Ortsvektors $\vec{r} = (2, 3, 1)$ im gedrehten System.

$\vec{r}' = $ ....

------------------------------- ▷   26

46

Sie haben entweder einen – verzeihlichen – Rechenfehler gemacht oder Sie beherrschen die Regeln zur Multiplikation von Matrizen noch nicht sicher. Im letzteren Fall ist es notwendig, den Abschnitt 19.3 im Lehrbuch noch einmal zu studieren und anhand des Textes folgende Aufgaben zu lösen:

a) $\begin{pmatrix} 3 & 2 & 0 \\ 1 & 0 & 1 \\ 2 & 1 & 1 \end{pmatrix} \cdot \begin{pmatrix} 0 & 2 & 0 \\ 1 & 0 & 1 \\ 1 & 1 & 2 \end{pmatrix} =$ ....

b) $\begin{pmatrix} 3 & 2 & 0 \\ 1 & 0 & 1 \\ 2 & 1 & 1 \end{pmatrix} \cdot \begin{pmatrix} 0 \\ 1 \\ 1 \end{pmatrix} =$ ....

Denken Sie an das Hilfsschema.

------------------------------- ▷   47

5

Koordinatenverschiebungen – Translationen

Beim Mitrechnen und Exzerpieren lernen Sie aktiv. Was Sie mit eigenen Worten ausdrücken können, haben Sie verstanden. Rechnungen, die Sie selbst reproduzieren können, haben Sie im Kopf.

STUDIEREN SIE im Lehrbuch   19.1   Koordinatenverschiebungen – Translationen

Lehrbuch, Seite 115 - 166

BEARBEITEN SIE DANACH Lehrschritt   ------------------------------ ▷ 6

26

$\vec{r}' = (3, -2, 1)$

Hinweis: Es gibt in diesem Fall zwei Lösungswege:

a) Wir können die Transformationsgleichungen benutzen. Dieser Weg führt immer zum Erfolg.

b) Wir überlegen: Bei der Drehung um die z-Achse bleibt die z-Achse erhalten: $z' = z$.

Die x-Achse wird in die y-Achse gedreht: $x' = y$

Die y-Achse fällt in die negative x-Achse: $y' = -x$.

Damit haben wir schon als Transformationsformeln

$x' = y$.   hier: $x' = 3$

$y' = -x$ hier: $y' = -2$

$z' = z$ hier: $z' = 1$ also $\vec{r}' = (3, -2, 1)$

------------------------------ ▷ 27

47

a) $\begin{pmatrix} 2 & 6 & 2 \\ 1 & 3 & 2 \\ 2 & 5 & 3 \end{pmatrix}$

b) $\begin{pmatrix} 2 \\ 1 \\ 2 \end{pmatrix}$

------------------------------ ▷ 48

6

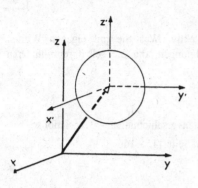

Eine Kugel hat den Radius $R = 2$. Der Ortsvektor zu ihrem Mittelpunkt hat die Koordinaten (3,2,4). Die Gleichung für die Kugel ist damit

$$4 = (x-3)^2 + (y-2)^2 + (z-4)^2$$

Folgende Transformation stellt eine Verschiebung des Koordinatenursprungs in den Punkt (3,2,4) dar:

$$x' = x - 3 \qquad y' = y - 2 \qquad z' = z - 4$$

Damit geht die Gleichung für die Kugel über in

$$4 = x'^2 + y'^2 + z'^2$$

Nach der Koordinatentransformation hat der neue Ortsvektor zum Mittelpunkt der Kugel die Koordinaten . . . .

---------------------------------- ▷   7

27

Leiten Sie sich die Transformationgleichungen ab für eine Drehung um die y-Achse mit dem Drehwinkel φ.

$x' = \ldots\ldots\ldots\ldots$

$y' = \ldots\ldots\ldots\ldots$

$z' = \ldots\ldots\ldots\ldots$

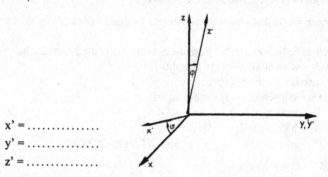

---------------------------------- ▷   28

48

Darstellung von Drehungen in Matrizenform

STUDIEREN SIE im Lehrbuch   19.4   Darstellung von Drehungen in Matrizenform

Lehrbuch, Seite 128 - 129

BEARBEITEN SIE DANACH Lehrschritt   ---------------------------------- ▷   49

7

$r' = (0, 0, 0)$

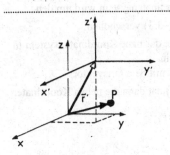

Welche Koordinaten hat der Ortsvektor zum Punkt $P = (5, 7, 2)$ bei folgender Koordinatentransformation:

$$x' = x - 3$$
$$y' = y - 2$$
$$z' = z - 4$$
$$r' = \ldots\ldots$$

Lösung gefunden ---------------------------------- ▷ 10

Erläuterung oder Hilfe erwünscht ---------------------------------- ▷ 8

28

$$x' = x \cos\varphi + z \sin\varphi$$
$$z' = -x \sin\varphi + z \cos\varphi$$
$$y' = y$$

Erläuterung:

Bei einer Drehung um die y-Achse wird die y-Komponente eines Vektors $\vec{r} = (x, y, z)$ nicht verändert. Die Projektion $\vec{r}_{xz} = (x, z)$ des Vektors $\vec{r}$ in die x-z-Ebene wird nach der Formel aus 19.2.1 transformiert, wobei hier y durch z ersetzt werden muß.

---------------------------------- ▷ 29

49

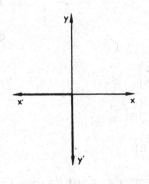

Stellen Sie die Matrix für eine Drehung des zweidimensionalen Koordinatensystems um 180° auf. Sie können die Formeln auf Ihrem Merkzettel oder aus der Formelsammlung benutzen.

---------------------------------- ▷ 50

$\boxed{8}$

Lesen Sie im Lehrbuch noch einmal Abschnitt 19.1. Lösen Sie dabei folgende Aufgabe.

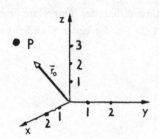

Das x, y, z-Koordinatensystem wird um den Vektor $\vec{r}_o = (2,-1,3)$ verschoben.

a) Zeichnen Sie das neue Koordinatensystem in die Skizze ein.

b) Der Punkt P mit dem Ortsvektor $\vec{r} = (2,-2,4)$ hat dann die neuen Koordinaten

$x' = \dots\dots\dots\dots$

$y' = \dots\dots\dots\dots$

$z' = \dots\dots\dots\dots$

-- ▷   9

$\boxed{29}$

Matrizenrechnung

Rechnen Sie die Beispiele des Lehrbuches sorgfältig mit. Dieser Abschnitt ist lang und enthält neue Rechenregeln. Zerlegen Sie ihn deshalb für sich in Teilabschnitte.

STUDIEREN SIE im Lehrbuch   19.3   Matrizenrechnung

Lehrbuch, Seite 123 - 129

BEARBEITEN SIE DANACH Lehrschritt   -------------------------------- ▷   30

$\boxed{50}$

$$\begin{pmatrix} -1 & 0 \\ 0 & -1 \end{pmatrix}$$

Rechengang: Die Drehmatrix lautet $\begin{pmatrix} \cos\varphi & \sin\varphi \\ -\sin\varphi & \cos\varphi \end{pmatrix}$

Wir setzen für φ den Winkel $\varphi = \pi$ ein: $\begin{pmatrix} \cos\pi & \sin\pi \\ -\sin\pi & \cos\pi \end{pmatrix} = \begin{pmatrix} -1 & 0 \\ 0 & -1 \end{pmatrix}$

Zu der Drehung um 180° gehört also die Matrix: $\begin{pmatrix} -1 & 0 \\ 0 & -1 \end{pmatrix}$

Dies kann man sich auch leicht anschaulich überlegen, denn $x' = -x$ und $y' = -y$.

-------------------------------- ▷   51

$\boxed{9}$

a)

P •

b) *P* hat die neuen Koordinaten

$$x' = 0$$
$$y' = -1$$
$$z' = 1$$

Welche Koordinaten hat der Ortsvektor $\vec{r}$ zum Punkt $P = (5,7,2)$ nach folgender Koordinatentransformation

$$x' = x - 3$$
$$y' = y - 2$$
$$z' = z - 4$$
$$\vec{r}' = \ldots\ldots\ldots\ldots$$

------------------------------- ▷   10

$\boxed{30}$

Schreiben Sie die Spalten und Zeilen der Matrix auf:

$$A = \begin{pmatrix} 1 & 2 & 4 \\ -3 & 6 & 2 \end{pmatrix}$$

Spalten: . . . .

Zeilen : . . . .

------------------------------- ▷   31

$\boxed{51}$

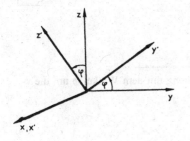

Stellen Sie die Matrix auf für eine Drehung im dreidimensionalen Raum um die *x*-Achse.

Der Drehwinkel sei φ.

Drehmatrix $A = $

. . . .

------------------------------- ▷   52

10

$$\vec{r}' = (x'\ y'\ z') = (2,\ 5,\ -2)$$

Der Übergang vom x,y,z-Koordinatensystem in das System $x'y'z'$ erfolge durch eine Verschiebung des Koordinatenursprungs um den Vektor $\vec{r}_o = (0,\ 1,\ 3)$.

Der Ortsvektor $\vec{r} = (1,\ 13,\ -4)$ geht bei dieser Transformation über in den Ortsvektor r'.

$$\vec{r}' = \ \ldots\ldots\ldots\ldots$$

Erläuterung oder Hilfe erwünscht ------------------------------- ▷ 11

Lösung gefunden ------------------------------- ▷ 12

31

Spalten: $\begin{pmatrix} 1 \\ -3 \end{pmatrix}, \begin{pmatrix} 2 \\ 6 \end{pmatrix}, \begin{pmatrix} 4 \\ 2 \end{pmatrix}$ Zeilen: $(1\ 2\ 4), (-3\ 6\ 2)$

Man spricht auch von Zeilenvektoren und Spaltenvektoren.

Gegeben seien zwei Matrizen:

$$A = \begin{pmatrix} 1 & 3 \\ 2 & 1 \\ 4 & 8 \end{pmatrix} \qquad B = \begin{pmatrix} 5 & 2 & 1 \\ 7 & 3 & 9 \end{pmatrix}$$

A ist eine .... Matrix

B ist eine .... Matrix

Kann man A und B addieren? ....

------------------------------- ▷ 32

52

$$A_D = \begin{pmatrix} 1 & 0 & 0 \\ 0 & \cos\varphi & \sin\varphi \\ 0 & -\sin\varphi & \cos\varphi \end{pmatrix}$$

Rechengang: Die Transformationsformeln für eine Drehung mit dem Winkel φ um die x-Achse lauten:

$$x = x$$
$$y = y \cdot \cos\varphi + z \cdot \sin\varphi$$
$$z = -y \cdot \sin\varphi + z \cdot \cos\varphi$$

Damit erhalten wir für die Drehmatrix $A_D = \begin{pmatrix} 1 & 0 & 0 \\ 0 & \cos\varphi & \sin\varphi \\ 0 & -\sin\varphi & \cos\varphi \end{pmatrix}$

------------------------------- ▷ 53

$\boxed{11}$

Wenn der Koordinatenursprung um $\vec{r}_o$ verschoben wird, hat ein Ortsvektor r die neuen Koordinaten: $\vec{r}' = \vec{r} - \vec{r}_o$

Ausführlich geschrieben: $x' = x - x_o$

$$y' = y - y_o$$

$$z' = z - z_o$$

Jetzt zurAufgabe, Sie brauchen nur einzusetzen:

Gegeben $\vec{r}_o = (1, 13, -4)$

                       $\vec{r} = (0, 1, 3)$

Gesucht $\vec{r}' = \ldots\ldots\ldots\ldots$

------------------------------------ ▷   12

$\boxed{32}$

$A = 3 \times 2$ Matrix $B = 2 \times 3$ Matrix

Man kann sie nicht addieren.

....

Addieren Sie die zwei Matrizen

$$A = \begin{pmatrix} 4 & 0 & 2 \\ 2 & 0 & 4 \\ 0 & 1 & 0 \end{pmatrix} \qquad B = \begin{pmatrix} -3 & 1 & -1 \\ 0 & 1 & -2 \\ 1 & 0 & 1 \end{pmatrix} \qquad C = A + B = \begin{pmatrix} & & \\ & & \\ & & \end{pmatrix}$$

$\ldots\ldots\ldots\ldots$

Welches ist die notwendige Bedingung dafür, daß zwei Matrizen addiert werde können?

....

------------------------------------ ▷   33

$\boxed{53}$

Jetzt müßte es Ihnen gelingen, die Übungsaufgaben 19.2.1 und 19.2.2 auf Seite 134 des Lehrbuchs zu lösen. Aber erst morgen oder später rechnen.

Zweckmäßig wäre es, noch einmal Ihre Notizen mit den Definitionen und Transformationsformeln zu ordnen.

Jetzt ist eine Pause angebracht. Sie haben Sie sich auch wirklich verdient.

------------------------------------ ▷   54

$r' = (1, 12, -7)$

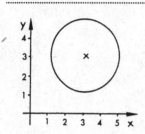

Der Kreis hat den Radius $R = 2$ und den Mittelpunkt $(3, 3)$

a) Geben Sie die Gleichung des Kreises an.

....

b) Um welchen Vektor r_0 muß das Koordinatensystem verschoben werden, damit die Kreisgleichung folgende Form hat

$$x'^2 + y'^2 = 4$$

$\vec{r}_o = \ldots\ldots\ldots\ldots$

------------------------------ ▷ 13

33

$$C = \begin{pmatrix} 1 & 1 & 1 \\ 2 & 1 & 2 \\ 1 & 1 & 1 \end{pmatrix}$$

Bedingung: Übereinstimmung in Zeilenzahl und Spaltenzahl.

....

Gegeben sei $\qquad A = \begin{pmatrix} 4 & 0 & 2 & 1 \\ 2 & 0 & -4 & 2 \\ 0 & 11 & 0 & 10 \end{pmatrix}$

Geben Sie an: $\qquad 3A = \begin{pmatrix} & & \\ & & \\ & & \end{pmatrix}$

....

------------------------------ ▷ 34

54

Spezielle Matrizen

In diesem Abschnitt sollen Sie einige spezielle Formen der Matrizen kennenlernen: Einheitsmatrizen, Diagonalmatrizen u.a.

Legen Sie eine Liste mit den Merkmalen dieser speziellen Matrizen an und reproduzieren Sie ihre Merkmale und Namen anschließend aus dem Gedächtnis.

STUDIEREN SIE im Lehrbuch $\qquad$ 19.5 Spezielle Matrizen

$\qquad\qquad\qquad\qquad\qquad\qquad$ Lehrbuch, Seite 130 - 133

BEARBEITEN SIE DANACH Lehrschritt   ------------------------------ ▷ 55

13

a) $(x-3)^2 + (y-3)^2 = 4$ oder $x^2 - 6x + y^2 - 6y = -14$

b) $\vec{r}_0 = (3, 3)$

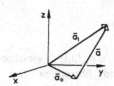

Der Vektor $\vec{a}$ hat Anfangspunkt $\vec{a}_0 = (1,1,0)$

Endpunkt $\vec{a}_1 = (1,3,2)$

a) Komponenten von $\vec{a} = \ldots\ldots$

b) Betrag von $\vec{a}$: $|\vec{a}| = \ldots\ldots$

Das Koordinatensystem wird verschoben um den Vektor $\vec{u} = (1,1,1)$

c) Neuer Anfangspunkt $\vec{a}_0' = \ldots\ldots$ d) Neuer Endpunkt $\vec{a}_1' = \ldots\ldots$

e) Komponenten von $\vec{a}'$: $\vec{a}' = \ldots\ldots$ f) Betrag von $\vec{a}'$: $|\vec{a}'| = \ldots\ldots$ ---------- ▷ 14

34

$$3A = \begin{pmatrix} 12 & 0 & 6 & 3 \\ 6 & 0 & -12 & 6 \\ 0 & 33 & 0 & 30 \end{pmatrix}$$ Hinweis: Jedes Element wurde mit 3 multipliziert.

Berechnen Sie das Produkt aus der Matrix A und dem Vektor r.

$$A = \begin{pmatrix} 1 & 2 \\ -3 & 6 \end{pmatrix} \qquad \vec{r} = \begin{pmatrix} 4 \\ 1 \end{pmatrix} \qquad A\vec{r} =$$

$\ldots$

Lösung gefunden   -------------------------------- ▷ 37

Erläuterung oder Hilfe erwünscht   -------------------------------- ▷ 35

55

Bezeichnen Sie folgende quadratische Matrizen

$$A = \begin{pmatrix} 0 & 0 & 0 \\ 0 & 0 & 0 \\ 0 & 0 & 0 \end{pmatrix} \qquad B = \begin{pmatrix} 4 & 0 & 0 \\ 0 & 2 & 0 \\ 0 & 0 & 3 \end{pmatrix} \qquad C = \begin{pmatrix} 1 & 0 & 0 \\ 0 & 1 & 0 \\ 0 & 0 & 1 \end{pmatrix}$$

$\ldots\ldots$ matrix $\ldots\ldots$ matrix $\ldots\ldots$ matrix

$$D = \begin{pmatrix} 1 & 5 & 3 \\ 5 & 2 & 1 \\ 3 & 1 & 1 \end{pmatrix} \qquad E = \begin{pmatrix} 0 & -5 & -3 \\ 5 & 0 & -1 \\ 3 & 1 & 0 \end{pmatrix}$$

$\ldots\ldots$ matrix $\ldots\ldots$ matrix

-------------------------------- ▷ 56

14

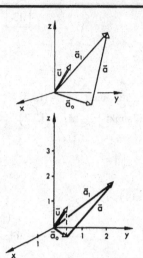

a) $\vec{a} = (0,2,2)$ b) $|\vec{a}| = \sqrt{0 + 2^2 + 2^2} = 2\sqrt{2}$

c) $\vec{a}_o' = (0,0,-1)$ d) $\vec{a}_1' = (0,2,1)$

e) $\vec{a}_1' = (0,2,2)$ f) $|\vec{a}'| = |\vec{a}|$

Zeichnen Sie das um $u = (1,1,1)$ verschobene Koordinatensystem ein und überprüfen Sie das Rechenergebnis.

------------------------------- ▷ 15

35

Zu berechnen ist das Produkt einer Matrix A mit einem Vektor $\vec{r}$.

Das ergibt einen neuen Vektor $\vec{r}'$.

$$A \cdot \vec{r} = \begin{pmatrix} a_{11} & a_{12} \\ a_{21} & a_{22} \end{pmatrix} \begin{pmatrix} x \\ y \end{pmatrix} = \begin{pmatrix} x' \\ y' \end{pmatrix}$$

Die Definition für die Berechnung ist

$$\begin{pmatrix} x' \\ y' \end{pmatrix} = \begin{pmatrix} a_{11}x + a_{12}y \\ a_{21}x + a_{22}y \end{pmatrix}$$

Berechnen Sie anhand der Definition das Produkt $\begin{pmatrix} 0 & 1 \\ 3 & 4 \end{pmatrix} \begin{pmatrix} 1 \\ 2 \end{pmatrix} = \begin{pmatrix} \ldots \ldots \end{pmatrix}$

------------------------------- ▷ 36

56

A   Nullmatrix   B   Diagonalmatrix   C   Einheitsmatrix
D   symmetrische Matrix   E   schief-symmetrische Matrix
Bei Unsicherheit studieren Sie Ihre Liste und das Lehrbuch erneut.

Geben Sie je eine 3×3 Matrix als Beispiel an:

schief-symmetrische Matrix $\begin{pmatrix} & & \\ & & \\ & & \end{pmatrix}$ symmetrische Matrix $\begin{pmatrix} & & \\ & & \\ & & \end{pmatrix}$

Diagonalmatrix $\begin{pmatrix} & & \\ & & \\ & & \end{pmatrix}$

------------------------------- ▷ 57

15

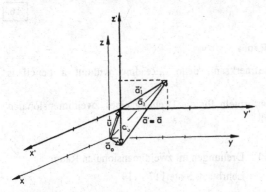

Der Vektor bleibt erhalten: $\vec{a} = \vec{a}'$

------------------------------ ▷ 16

36

$$\begin{pmatrix} 0 & 1 \\ 3 & 4 \end{pmatrix} \begin{pmatrix} 1 \\ 2 \end{pmatrix} = \begin{pmatrix} 2 \\ 11 \end{pmatrix}$$

Man kann sich die Berechnung durch ein Hilfsschema sehr erleichtern. In der unten stehenden Anordnung erhalten wir die Komponenten des Vektors $\vec{r}$, indem wir das innere Produkt des Vektors $\vec{r}$ mit der jeweiligen Zeile der Matrix bilden.

x' ist: $r' \cdot$ (1. Zeile) y' ist: $r' \cdot$ (2. Zeile)

$$\begin{pmatrix} a_{11} & a_{12} \\ a_{21} & a_{22} \end{pmatrix} \begin{pmatrix} x \\ y \end{pmatrix}$$

Berechnen Sie $\begin{pmatrix} 1 & 2 \\ -3 & 6 \end{pmatrix} \begin{pmatrix} 4 \\ 1 \end{pmatrix} = \begin{pmatrix} \\ \cdots \end{pmatrix}$

------------------------------ ▷ 37

57

Hier sind Beispiele:

schief-symmetrische Matrix $\begin{pmatrix} 0 & 1 & 7 \\ -1 & 0 & -3 \\ -7 & 3 & 0 \end{pmatrix}$ symmetrische Matrix $\begin{pmatrix} 4 & 2 & 0 \\ 2 & 1 & 1 \\ 0 & 1 & 3 \end{pmatrix}$

Diagonalmatrix $\begin{pmatrix} 2 & 0 & 0 \\ 0 & 1 & 0 \\ 0 & 0 & 5 \end{pmatrix}$

Es sei $A = \begin{pmatrix} 1 & 2 & 0 \\ 4 & 3 & 2 \end{pmatrix}$

Bilden Sie $A^T = \ldots\ldots\ldots\ldots$
$(A^T)^T = \ldots\ldots\ldots\ldots$

------------------------------ ▷ 58

16

Drehungen

Drehungen im zweidimensionalen Raum

Verfolgen Sie den Rechengang aufmerksam, denn: „Reading without a pencil is daydreaming.“

Notieren Sie sich die Transformationformeln für die Drehung eines zweidimensionalen Koordinatensystems um einen Winkel.

STUDIEREN SIE im Lehrbuch   19.2.1   Drehungen im zweidimensionalen Raum

Lehrbuch, Seite 117 - 119

BEARBEITEN SIE DANACH   -------------------------------- ▷ 17

37

$$\begin{pmatrix} 1 & 2 \\ -3 & 6 \end{pmatrix} \begin{pmatrix} 4 \\ 1 \end{pmatrix} = \begin{pmatrix} 6 \\ -6 \end{pmatrix}$$

Berechnen Sie den Ausdruck unten. Benutzen Sie das Schema und schreiben Sie die Anordnung, die die Übersicht erleichtert, auf einen Zettel.

$$\begin{pmatrix} 3 & 0 & 2 \\ -1 & 1 & -2 \\ 2 & -3 & 0 \end{pmatrix} \cdot \begin{pmatrix} 4 \\ 6 \\ 5 \end{pmatrix} = \begin{pmatrix} \ldots\ldots\ldots \end{pmatrix}$$

------------------------------ ▷ 38

58

$$A^T = \begin{pmatrix} 1 & 4 \\ 2 & 3 \\ 0 & 2 \end{pmatrix} \qquad (A^T)^T = \begin{pmatrix} 1 & 2 & 0 \\ 4 & 3 & 2 \end{pmatrix} = A$$

Gegeben seien $A = \begin{pmatrix} 1 & 2 & 0 \\ 4 & 3 & 4 \end{pmatrix}$ $B = \begin{pmatrix} 1 & 0 \\ 1 & 2 \\ 3 & -1 \end{pmatrix}$

Bilden Sie $AB = \begin{pmatrix} \ldots & \ldots & \ldots \end{pmatrix}$ $(AB)^T = \begin{pmatrix} \ldots & \ldots & \ldots \end{pmatrix}$

------------------------------ ▷ 59

17

Das rechtwinklige x-y-Koordinatensystem werde gedreht um den Winkel $\varphi = \dfrac{\pi}{2}$.

Welche Komponenten hat in dem neuen Koordinatensystem der Vektor $\vec{r} = (1,2)$?

Benutzen Sie die Formeln auf Ihrem Merkzettel! Wir wollen ja üben, bestimmte Sachverhalte so zu exzerpieren, daß man später auf sie zurückgreifen kann.

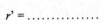 $r' = \ldots\ldots\ldots\ldots$

----------------------------------- ▷ 18

38

$$\begin{pmatrix} 3 & 0 & 2 \\ -1 & 1 & -2 \\ 2 & -3 & 0 \end{pmatrix} \cdot \begin{pmatrix} 4 \\ 6 \\ 5 \end{pmatrix} = \begin{pmatrix} 3\cdot4 & +0\cdot6 & +2\cdot5 \\ -1\cdot4 & +1\cdot6 & -2\cdot5 \\ 2\cdot4 & -3\cdot6 & +0\cdot5 \end{pmatrix} = \begin{pmatrix} 22 \\ -8 \\ -10 \end{pmatrix}$$

Vorübung zur Multiplikation zweier Matrizen. Welche Produkte lassen sich bilden?

$$A = \begin{pmatrix} 1 & 4 \\ 2 & 3 \end{pmatrix} \qquad B = \begin{pmatrix} 1 & 1 \\ 2 & 2 \\ 2 & 1 \end{pmatrix} \qquad C = \begin{pmatrix} 1 & 4 & 2 \\ 0 & 3 & 8 \end{pmatrix}$$

☐ AB ☐ AC ☐ BC

☐ CB ☐ CA ☐ BA

----------------------------------- ▷ 39

59

$$AB = \begin{pmatrix} 3 & 4 \\ 19 & 2 \end{pmatrix} \qquad (AB)^T = \begin{pmatrix} 3 & 19 \\ 4 & 2 \end{pmatrix}$$

Gegeben seien

$$A = \begin{pmatrix} 1 & 2 \\ 4 & 3 \end{pmatrix} \qquad E = \begin{pmatrix} 1 & 0 \\ 0 & 1 \end{pmatrix}$$

Bilden Sie

$$AE = \begin{pmatrix} \ldots & \ldots \\ \ldots & \ldots \end{pmatrix} \qquad EA = \begin{pmatrix} \ldots & \ldots \\ \ldots & \ldots \end{pmatrix}$$

----------------------------------- ▷ 60

18

$\vec{r}' = (2,-1)$

Hinweis: Diese Aufgabe können wir auf zwei Arten lösen:

a) Wir skizzieren die Koordinatensysteme vor und nach der Drehung und lesen aus der Zeichnung ab: $r' = (2,-1)$

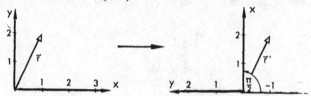

b) Wir benutzen die Transformationsformeln $x' = x\cos\varphi + y\sin\varphi$ $y' = -x\sin\varphi + y\cos\varphi$

Wir setzen ein: $\varphi = \frac{\pi}{2}, x = 1$ und $y = 2$. ▷ ------------------------------- 19

39

AC, BC, BA und CB sind möglich.

Hinweis: Die Zahl der Spalten der ersten Matrix muß gleich der Zahl der Zeilen der zweiten Matrix sein.

Zu multiplizieren seien zwei Matrizen. Geben Sie zunächst das Matrixelement c_{11} an.

Hilfsschema benutzen.

$$\begin{pmatrix} a_{11} & a_{12} & a_{13} \\ a_{21} & a_{22} & a_{23} \\ a_{31} & a_{32} & a_{33} \end{pmatrix}\begin{pmatrix} b_{11} & b_{12} & b_{13} \\ b_{21} & b_{22} & b_{23} \\ b_{31} & b_{32} & b_{33} \end{pmatrix} = \begin{pmatrix} c_{11} & \dots & \dots \\ \dots & \dots & \dots \\ \dots & \dots & \dots \end{pmatrix}$$

$c_{11} = \dots\dots\dots\dots\dots\dots\dots\dots\dots$

------------------------------- ▷ 40

60

$$AE = \begin{pmatrix} 1 & 2 \\ 4 & 3 \end{pmatrix} \qquad\qquad EA = \begin{pmatrix} 1 & 2 \\ 4 & 3 \end{pmatrix}$$

Bei der Multiplikation mit der Einheitsmatrix ist die Reihenfolge ohne Bedeutung.

$$A = \begin{pmatrix} 1 & 2 \\ 4 & 3 \end{pmatrix} \qquad\qquad B = \begin{pmatrix} 2 & 0 \\ 0 & 1 \end{pmatrix}$$

Bilden Sie

$$AB = \begin{pmatrix} \dots & \dots \end{pmatrix} \qquad\qquad BA = \begin{pmatrix} \dots & \dots \end{pmatrix}$$

------------------------------- ▷ 61

19

Das Koordinatensystem wird um den Winkel $\varphi = \frac{\pi}{3}$ gedreht.

Hier gibt es nur einen Weg, Sie müssen die Transformationformeln benutzen.

Berechnen Sie den Vektor $\vec{r}\,'$, der aus $\vec{r} = (-2, 1)$ entsteht.

$\vec{r}\,' = $ ....

Lösung gefunden   ---------------------------- ▷   21

Erläuterung oder Hilfe erwünscht   ---------------------------- ▷   20

40

$c_{11} = a_{11}b_{11} + a_{12}b_{21} + a_{13}b_{31}$

Man kann sich die Matrizenmultiplikation anhand des Schemas merken.

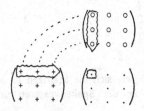

c_{11} kann als Skalarprodukt des Zeilenvektors $\vec{a}$ und des Spaltenvektors $\vec{b}$ aufgefaßt werden. Das Verfahren ist sinngemäß für jedes Element zu übertragen.

Geben Sie nun c_{33} an und markieren Sie die zugehörige Zeile und Spalte.

$c_{33} = $ ....

---------------------------------- ▷   41

61

$$AB = \begin{pmatrix} 2 & 2 \\ 8 & 3 \end{pmatrix} \qquad BA = \begin{pmatrix} 2 & 4 \\ 4 & 3 \end{pmatrix}$$

Bei der Matrizenmultiplikation ist die Reihenfolge von Bedeutung: $A \cdot B \neq B \cdot A$

Gegeben sei eine Matrix A. Dann heißt A^{-1} .... Matrix

$$A = \begin{pmatrix} 1 & 2 \\ 4 & 3 \end{pmatrix} \qquad A^{-1} = \begin{pmatrix} -\frac{3}{5} & \frac{2}{5} \\ \frac{4}{5} & -\frac{1}{5} \end{pmatrix}$$

Bilden Sie $A \cdot A^{-1} = $ .... $A^{-1} \cdot A = $ ....

---------------------------------- ▷   62

20

Es war $\varphi = \frac{\pi}{3}$, $\vec{r} = (x, y) = (-2, 1)$

Einsetzen in die Transformationformeln gibt

$$x' = -2\cos\frac{\pi}{3} + 1\sin\frac{\pi}{3}$$
$$y' = 2\sin\frac{\pi}{3} + 1\cos\frac{\pi}{3}$$

Hinweis: $\cos\frac{\pi}{3} = \frac{1}{2}$ und $\sin\frac{\pi}{3} = \frac{1}{2}\sqrt{3}$

$$\vec{r}' = (x', y') = (\ldots\ldots\ldots\ldots)$$

------------------------------ ▷ 21

41

$$c_{33} = a_{31}b_{13} + a_{32}b_{23} + a_{33}b_{33}$$

$$\begin{pmatrix} \cdot & \cdot & | \\ \cdot & \cdot & | \\ \cdot & \cdot & \downarrow \end{pmatrix}$$

$$\begin{pmatrix} \cdot & \cdot & \cdot \\ \cdot & \cdot & \cdot \\ - & - & \rightarrow \end{pmatrix} \begin{pmatrix} \cdot & \cdot & \cdot \\ \cdot & \cdot & \cdot \\ \cdot & \cdot & \bullet \end{pmatrix}$$

Die Matrizenmultiplikation ist unübersichtlich. Es ist hilfreich, sich die Matrizen in der angegebenen Form anzuordnen. Dann ist die Zuordnung der Spaltenvektoren und Zeilenvektoren unmittelbar zu erkennen.

------------------------------ ▷ 42

62

inverse Matrix

$$AA^{-1} = A^{-1}A = E = \begin{pmatrix} 1 & 0 \\ 0 & 1 \end{pmatrix}$$

Die Berechnung inverser Matrizen wird im nächsten Kapitel gezeigt. Damit ist dieses Kapitel geschafft. Aber vergessen Sie nicht, zu wiederholen und – später – die Übungsaufgaben im Lehrbuch zu bearbeiten. Sie wissen doch, Übungsaufgaben sollte man gerade dann rechnen, wenn sie etwas Mühe machen.

------------------------------ ▷ 63

21

$$\vec{r}' = (-1 + \tfrac{1}{2}\sqrt{3}, \quad \sqrt{3} + \tfrac{1}{2}) = (-0{,}134, \quad 2{,}23)$$

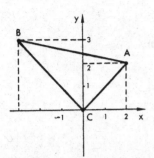

Gegeben sei ein rechtwinkliges Dreieck mit den Punkten

A = (2, 2)   B = (-3, 3)   C= (0, 0).

Drehen Sie das Koordinatensystem so, daß A und B auf die Achsen fallen:

a) Drehungswinkel bestimmen:

$\tan \varphi = \ldots\ldots\ldots$ $\varphi = \ldots\ldots\ldots$

b) Koordinatentransformation für A und B durchführen und neue Lage einzeichnen.

A' = ...   B' = ...

Nun geht es weiter mit den Lehrschritten auf der **Mitte der Seiten**.
Sie finden Lehrschritt 22 unterhalb Lehrschritt 1. BLÄTTERN SIE ZURÜCK   -------- ▷   22

42

Bilden Sie das Matrizenprodukt $A \cdot B$.

$$A = \begin{pmatrix} 0 & 2 \\ 6 & 1 \end{pmatrix} \qquad\qquad B = \begin{pmatrix} 3 & 0 \\ -1 & 4 \end{pmatrix}$$

$$A \cdot B = \begin{pmatrix} 0 & 2 \\ 6 & 1 \end{pmatrix} \begin{pmatrix} 3 & 0 \\ -1 & 4 \end{pmatrix} = \begin{pmatrix} & \\ & \end{pmatrix}$$

Lösung gefunden   -------------------------------- ▷   44

Erläuterung oder Hilfe erwünscht   -------------------------------- ▷   43

Nun geht es weiter mit den Lehrschritten im **unteren Drittel der Seiten**. Sie finden Lehrschritt 43 unterhalb der Lehrschritte 1 und 22.
BLÄTTERN SIE ZURÜCK

63

Sie haben das  des Kapitels erreicht.

Kapitel 20

Lineare Gleichungssysteme und Determinanten

1

Lineare Gleichungssysteme
Gauß'sches Eliminationsverfahren, Schrittweise Elimination der Variablen
Gauß-Jordan Elimination

In den nächsten Abschnitten des Lehrbuchs werden verschiedene numerische Beispiele durchgerechnet. Versuchen Sie, die Beispiele jeweils selbst anhand des vorher im Text erklärten Lösungsverfahrens zu lösen

STUDIEREN SIE im Lehrbuch   20.1   Lineare Gleichungssysteme
                                 20.1.1. Gauß'sches Eliminationsverfahren
                                 20.1.2   Gauß-Jordan Elimination
                                          Lehrbuch, Seite 136 - 139

BEARBEITEN SIE DANACH Lehrschritt   ------------------------------ ▷   2

15

$A|E$ ist eine 4 x 8 Matrix $A|E = \begin{pmatrix} 1 & 1 & 0 & 3 & 1 & 0 & 0 & 0 \\ 1 & 2 & -1 & 5 & 0 & 1 & 0 & 0 \\ 0 & 1 & 0 & 1 & 0 & 0 & 1 & 0 \\ 3 & 5 & -2 & 12 & 0 & 0 & 0 & 1 \end{pmatrix}$

Zunächst berechnen wir die inverse Matrix A^{-1}. Dafür muß $A|E$ so verändert werden, daß der erste Teil zu einer Einheitsmatrix wird. Dann ist der zweite Teil A^{-1}.

$E|A^{-1} = \begin{pmatrix} & & | & & \\ & & | & & \\ \dots\dots\dots & | & \dots\dots\dots \end{pmatrix}$

Lösung gefunden   ------------------------------ ▷ 20
Erläuterung oder Hilfe erwünscht   ------------------------------ ▷ 16

29

Existenz von Lösungen

Im Lehrbuch sind zwei ausführliche Beispiele durchgerechnet. Dabei wird die Matrixschreibweise benutzt. Bei Verständnissschwierigkeiten hilft es, die vollständigen Gleichungen hinzuschreiben und an ihnen die Umformungen der Beispiele durchzuführen.

STUDIEREN SIE im Lehrbuch   20.1.4 Existenz von Lösungen
                                 Lehrbuch, Seite 142 - 145

BEARBEITEN SIE DANACH Lehrschritt   ------------------------------ ▷ 30

2

Lösen Sie das folgende Gleichungssystem entweder nach dem Gauß'schen oder dem Gauß-Jordan'schen Eliminationsverfahren

$$x_1 + 2x_2 = 3$$

$$-2x_1 + x_2 = 4$$

$x_1 = \dots\dots\dots\dots$

$x_2 = \dots\dots\dots\dots$

-------------------------------------- ▷   3

16

Wir gehen von $A|E$ aus. Der erste Teil soll E werden.

1. Schritt: Elimination der Elemente in der ersten Spalte unterhalb a_{11} :

$$A|E = \begin{pmatrix} 1 & 1 & 0 & 3 & | & 1 & 0 & 0 & 0 \\ 1 & 2 & -1 & 5 & | & 0 & 1 & 0 & 0 \\ 0 & 1 & 0 & 1 & | & 0 & 0 & 1 & 0 \\ 3 & 5 & -2 & 12 & | & 0 & 0 & 0 & 1 \end{pmatrix}$$

Zeile 1: a_{11} ist bereits 1.
Zeile 2: Zeile 1 abziehen.
Zeile 3: a_{13} ist bereits 0
Zeile 4: 3 x Zeile 1 abziehen.

Das Ergebnis ist:

$$\begin{pmatrix} & & & | & & & \\ \dots & \dots & \dots & \dots | \dots & \dots & \dots & \dots \end{pmatrix}$$

----------------------------- ▷   17

30

A) Zu lösen seien 4 nicht homogene lineare Gleichungen mit 6 Variablen.
   Höchstens $\dots\dots\dots\dots$ Variablen können bestimmt werden.
   Mindestens $\dots\dots\dots\dots$ Variablen sind unbestimmt und frei wählbar.

B) Zu lösen seien 4 homogene lineare Gleichungen.
   Triviale Lösung:
   Falls eine nicht-triviale Lösung existiert:

$\dots\dots\dots\dots\dots\dots\dots\dots\dots\dots\dots\dots\dots\dots\dots\dots\dots\dots\dots\dots\dots\dots$

$\dots\dots\dots\dots\dots\dots\dots\dots\dots\dots\dots\dots\dots\dots\dots\dots\dots\dots\dots\dots\dots\dots$

--------------------------------- ▷   31

3

$x_1 = -1 \qquad x_2 = 2$

Lösen Sie jetzt

$$x_1 + 2x_2 + 3x_3 = 6$$
$$-2x_1 + x_2 - 6x_3 = -7$$
$$2x_1 - 6x_2 + 12x_3 = 4$$

$x_1 = \dots\dots\dots\dots$

$x_2 = \dots\dots\dots\dots$

$x_3 = \dots\dots\dots\dots$

Lösung gefunden   ----------------------------- ▷   5

Erläuterung oder Hilfe erwünscht   ----------------------------- ▷   4

17

Die veränderten Elemente sind fett gedruckt $\begin{pmatrix} 1 & 1 & 0 & 3 & | & 1 & 0 & 0 & 0 \\ \mathbf{0} & \mathbf{1} & -1 & \mathbf{2} & | & \mathbf{-1} & 1 & 0 & 0 \\ 0 & 1 & 0 & 1 & | & 0 & 0 & 1 & 0 \\ \mathbf{0} & \mathbf{2} & -2 & \mathbf{3} & | & \mathbf{-3} & 0 & 0 & 1 \end{pmatrix}$

2. Schritt: Elimination der Elemente unterhalb und oberhalb a_{22}:   Zeile 1: Zeile 2 abziehen

Zeile 3: Zeile 2 abziehen

Zeile 4: 2 x Zeile 2 abziehen.

Ergebnis: $\begin{pmatrix} & & & | & & & \\ \dots & \dots & \dots & \dots | \dots & \dots & \dots & \dots \end{pmatrix}$

----------------------------- ▷   18

31

A) Höchstens 4 Variablen können bestimmt werden. Mindestens 2 Variablen sind unbestimmt und frei wählbar.

B) Triviale Lösung: $x_j = 0 \qquad j = 1, 2, 3, 4$

Falls eine nichttriviale Lösung existiert, ist sie nicht eindeutig und hat mindestens eine frei wählbare Variable.

Bei praktischen Rechnungen ist es empfehlenswert, vorweg zu prüfen, ob Lösungen existieren und ob sie eindeutig sind. Führt man die Gauß-Jordan Elimination durch, zeigt die Lösung klar ihre Struktur.

Nun haben Sie sich eine PAUSE verdient!

----------------------------- ▷   32

4

Anstatt einer Hilfe nur ein Hinweis. Es kann hier keine grundsätzlichen Verständnis-schwierigkeiten geben.

Lösen Sie die Gleichung anhand des im Lehrbuch Seite 137 demonstrierten Beispiels.

Das beste wäre, Sie lösten danach dieselbe Aufgabe auch anhand des im Lehrbuch auf Seite 138 demonstrierten Beispiels. Dann hätten Sie die beiden Beispiele durchgespielt.

---------------------------------- ▷   5

18

Die veränderten Elemente sind fett gedruckt
$$\begin{pmatrix} 1 & \mathbf{0} & \mathbf{1} & \mathbf{1} & 2 & -1 & 0 & 0 \\ 0 & 1 & -1 & 2 & -1 & 1 & 0 & 0 \\ 0 & \mathbf{0} & \mathbf{1} & \mathbf{-1} & \mathbf{1} & -1 & 1 & 0 \\ 0 & \mathbf{0} & \mathbf{0} & \mathbf{-1} & \mathbf{-1} & \mathbf{-2} & 0 & 1 \end{pmatrix}$$

3. Schritt:

Elimination der Elemente unterhalb und oberhalb von a_{33}:   Zeile 1: Ziele 3 abziehen

Zeile 2: Zeile 3 addieren

Zeile 4: a_{34} ist bereits 0

Ergebnis:
$$\begin{pmatrix} & & & & & & & \\ & & & & & & & \\ & & & & & & & \\ \dots & \dots & \dots & \dots & \dots & \dots & \dots & \dots \end{pmatrix}$$

---------------------------------- ▷   19

32

Determinanten

In diesem Abschnitt sollen Sie den Begriff „Determinante" und deren Eigenschaften kennenlernen, sowie üben, die Determinanten von 2×2 und 3×3 Matrizen auszurechnen.

STUDIEREN SIE im Lehrbuch   20.2   Determinante
                              20.2.1 Einführung
                              20.2.2 Definition und Eigenschaften der n-reihigen
                                      Determinanten
                                      Lehrbuch Seite 145 - 151

BEARBEITEN SIE DANACH Lehrschritt   ---------------------------------- ▷   33

5

$$x_1 = 3 \qquad x_2 = 1 \qquad x_3 = \tfrac{1}{3}$$

Hier im Leitprogramm wird jetzt die allgemeine Lösung für zwei Gleichungen mit zwei Unbekannten nach dem Gauß'schen Eliminationsverfahren berechnet. Allgemeine Rechnungen sind oft schwerfälliger als Zahlenbeispiele.

Entscheiden Sie selbst:

Möchte Rechnung kennenlernen ------------------------------------ ▷ 6

Möchte weiter zum nächsten Thema übergehen ------------------------------ ▷ 13

19

Die veränderten Elemente sind fett gedruckt: $\begin{pmatrix} 1 & 0 & \mathbf{0} & \mathbf{2} & \mathbf{1} & \mathbf{0} & \mathbf{-1} & 0 \\ 0 & 1 & \mathbf{0} & \mathbf{1} & \mathbf{0} & \mathbf{0} & \mathbf{1} & 0 \\ 0 & 0 & 1 & -1 & 1 & -1 & 1 & 0 \\ 0 & 0 & 0 & -1 & -1 & -2 & 0 & 1 \end{pmatrix}$

4. Schritt: Elimination der Elemente oberhalb a_{44}:

 Zeile 1: 2 x Zeile 4 addieren   Zeile 2: Zeile 4 addieren
 Zeile 3: Zeile 4 subtrahieren   Zeile 4: mit (-1) multiplizieren

Ergebnis: $E|A^{-1} = \begin{pmatrix} & & & & & & & \\ & & & & & & & \\ \ldots & \ldots & \ldots & \ldots & \ldots & \ldots & \ldots & \ldots \end{pmatrix}$

-------------------------------- ▷ 20

33

Gegeben sei die Determinante der Ihnen von vorhergehenden Übungen bekannten Matrix:

$$\det A = \begin{vmatrix} 1 & 1 & 0 & 3 \\ 1 & 2 & -1 & 5 \\ 0 & 1 & 0 & 1 \\ 3 & 5 & -2 & 12 \end{vmatrix}$$

Geben Sie die Unterdeterminante für a_{12}: ....

Schreiben Sie das algebraische Komplement auf:

$$A_{12} = \begin{vmatrix} & & & \\ & & & \\ \ldots & \ldots & \ldots & \ldots \end{vmatrix}$$

Im Zweifel im Lehrbuch nachschauen. -------------------------------- ▷ 34

6

Gegeben sei ein System von zwei linearen Gleichungen

$$a_{11}x_1 + a_{12}x_2 = b_1$$
$$a_{21}x_1 + a_{22}x_2 = b_2$$

Berechnen Sie die Lösung mittels der Gauß'schen Elimination.

$x_1 = \ldots\ldots\ldots\ldots$

$x_2 = \ldots\ldots\ldots\ldots$

Lösung gefunden   ------------------------------------ ▷ 11

Erläuterung oder Hilfe erwünscht   ------------------------------------ ▷ 7

20

$$E|A^{-1} = \begin{pmatrix} 1 & 0 & 0 & \mathbf{0} & -1 & -4 & -1 & 2 \\ 0 & 1 & 0 & \mathbf{0} & -1 & -2 & 1 & 1 \\ 0 & 0 & 1 & \mathbf{0} & 2 & 1 & 1 & -1 \\ 0 & 0 & 0 & \mathbf{1} & 1 & 2 & 0 & -1 \end{pmatrix}$$

Nachdem wir $A|E$ in $E|A^{-1}$ transferiert haben, können wir A^{-1} separat hinschreiben.

$$A^{-1} = \begin{pmatrix} \\ \\ \ldots\ \ldots\ \ldots\ \ldots \end{pmatrix}$$

Überprüfen Sie das Resultat und berechnen Sie $A^{-1} \cdot A = \ldots\ldots$ $A \cdot A^{-1} = \ldots\ldots$

------------------------------------ ▷ 21

34

Unterdeterminante für a_{12}: $\begin{vmatrix} 1 & -1 & 5 \\ 0 & 0 & 1 \\ 3 & -2 & 12 \end{vmatrix}$

Algebraisches Komplement $A_{12} = (-1)^{1+2} \cdot \begin{vmatrix} 1 & -1 & 5 \\ 0 & 0 & 1 \\ 3 & -2 & 12 \end{vmatrix}$

Rechnen Sie nun das algebraische Komplement aus. Benutzen Sie einmal die allgemeine Methode (Entwicklung nach einer Zeile) und einmal die Sarrus'sche Regel:

$$A_{12} = -\begin{vmatrix} 1 & -1 & 5 \\ 0 & 0 & 1 \\ 3 & -2 & 12 \end{vmatrix} = \begin{vmatrix} & & \\ & & \\ \ldots & \ldots & \ldots \end{vmatrix}$$

------------------------------------ ▷ 35

7

Gegeben ist

$$a_{11}x_1 + a_{12}x_2 = b_1 \quad (1)$$

$$a_{21}x_1 + a_{22}x_2 = b_2 \quad (2)$$

Erster Schritt: Wir teilen Gleichung (1) durch a_{11}: $x_1 + \dfrac{a_{12}}{a_{11}}x_2 = \dfrac{b_1}{a_{11}}$

Wir eliminieren x_1 in Gleichung (2) : $0 + \left[a_{22} - \dfrac{a_{12}\,a_{21}}{a_{11}} \right] \cdot x_2 = b_2 - b_1 \cdot \dfrac{a_{21}}{a_{11}}$

Führen Sie den zweiten Schritt aus:

$x_1 = \ldots\ldots\ldots\ldots$

$x_2 = \ldots\ldots\ldots\ldots$

Weitere Hinweise   -------------------------------- ▷   8

21

$$A^{-1} = \begin{pmatrix} -1 & -4 & -1 & 2 \\ -1 & -2 & 1 & 1 \\ 2 & 1 & 1 & -1 \\ 1 & 2 & 0 & -1 \end{pmatrix}$$

Wenn kein Rechenfehler gemacht wurde, müßten Sie erhalten $A^{-1} \cdot A = A \cdot A^{-1} = E$

Kehren wir zurück zu unserem Gleichungssystem von Lehrschritt 14: $Ax = b$

$$\begin{pmatrix} 1 & 1 & 0 & 3 & x_1 \\ 1 & 2 & -1 & 5 & x_2 \\ 0 & 1 & 0 & 1 & x_3 \\ 3 & 5 & -2 & 12 & x_4 \end{pmatrix} = \begin{pmatrix} 16 \\ 25 \\ 8 \\ 64 \end{pmatrix}$$ Die erweiterte Matrix $A|b$ ist: $A|b = \left(\begin{array}{cccc|} 1 & 1 & 0 & 3 \\ 1 & 2 & -1 & 5 \\ 0 & 1 & 0 & 1 \\ 3 & 5 & -2 & 12 \end{array} \right)$

-------------------------------- ▷   22

35

Entwicklung nach der ersten Zeile

$$A_{12} = - \begin{vmatrix} 1 & -1 & 5 \\ 0 & 0 & 1 \\ 3 & -2 & 12 \end{vmatrix} = -(1 \cdot 2 - (-1)(-3)) = 1$$

Die Benutzung der Sarrus'schen Regel ergibt natürlich das gleiche Ergebnis.

Entwickeln Sie zur weiteren Übung einmal nach der 2. Zeile und dann noch einmal nach der 1. Spalte. Da das Ergebnis bekannt ist, haben Sie selbst gleich die Kontrolle.

-------------------------------- ▷   36

8

Das Ergebnis des ersten Schrittes war:

$$x_1 + \frac{a_{12}}{a_{11}} \cdot x_2 = \frac{b_1}{a_{11}} \qquad (1)$$

$$0 + \left(a_{22} - \frac{a_{12}\, a_{21}}{a_{11}} \right) \cdot x_2 = b_2 - b_1 \cdot \frac{a_{21}}{a_{11}} \quad (2)$$

Zweiter Schritt: Elimination von x_2 in Gleichung(1)

Dafür muß Gleichung (2) nach x_2 aufgelöst werden.

$$x_2 = \ldots\ldots\ldots\ldots$$

---------------------------------- ▷   9

22

$$A|b = \begin{pmatrix} 1 & 1 & 0 & 3 & | & 16 \\ 1 & 2 & -1 & 5 & | & 25 \\ 0 & 1 & 0 & 1 & | & 8 \\ 3 & 5 & -2 & 12 & | & 64 \end{pmatrix}$$

Lösen Sie das Gleichungssystem mit der Gauß-Jordan Elimination.
Das entspricht der Transformation des Teils A in eine Einheitsmatrix genau wie eben bei der Ermittlung von A^{-1}. Einziger Unterschied ist, daß hier die Erweiterung aus b besteht.

$$\left(\Big| \right) \quad \begin{aligned} x_1 &= \ldots\ldots\ldots \\ x_2 &= \ldots\ldots\ldots \\ x_3 &= \ldots\ldots\ldots \\ x_4 &= \ldots\ldots\ldots \end{aligned}$$

Lösung gefunden   ---------------------------------- ▷   24

Erläuterung oder Hilfe erwünscht   ---------------------------------- ▷   23

36

$A_{12} = 1$ Das Ergebnis ist immer gleich, der Rechenaufwand nicht.

Der Rechenaufwand bei der Bestimmung von Determinanten größerer Matrizen kann ganz erheblich reduziert werden, wenn man die Eigenschaften der Determinanten geschickt zur Vereinfachung ausnutzt.

Gegeben sei $\det A = \begin{vmatrix} 1 & 1 & 0 & 3 \\ 1 & 2 & -1 & 5 \\ 0 & 1 & 0 & 1 \\ 3 & 5 & -2 & 12 \end{vmatrix}$

Benutze Regel (6) – Addition von Vielfachen einer Zeile zu einer anderen:

$$\det A = \begin{vmatrix} \\ \\ \ldots \ \ldots \ \ldots \ \ldots \end{vmatrix}$$

---------------------------------- ▷   37

9

$$x_2 = \frac{b_2 - b_1 \cdot \frac{a_{21}}{a_{11}}}{a_{22} - \frac{a_{12} \cdot a_{21}}{a_{11}}} = \frac{a_{11} b_2 - a_{21} b_1}{a_{11}a_{22} - a_{12}a_{21}}$$

Dies ist bereits die Lösung für x_2.

Um x_1 zu erhalten muß nun noch x_2 in Gleichung (1) eliminiert werden.

Gleichung (1) war $x_1 + \frac{a_{12}}{a_{11}} \cdot x_2 = \frac{b_1}{a_{11}}$

Nach Elimination von x_2 erhalten wir $x_1 = \ldots\ldots\ldots\ldots$

---------------------------------- ▷   10

23

Bei der Berechnung der Inversen haben wir die erweiterte Matrix $A|E$ so transformiert, daß wir $E|A^{-1}$ erhielten. Jetzt ist die erweiterte Matrix $A|b$ so zu transformieren, daß wir $E|x$ erhalten.

Die Transformationsschritte sind die gleichen wie in den Lehrschritten 16-20. Nur die rechte Seite ist verändert. Es handelt sich um die Gauß-Jordan Elimination in einer abgekürzten Schreibweise. Führen Sie die Transformation anhand der Lehrschritte 16-20 durch. Dafür müssen Sie zurückblättern

$$E|x = \begin{pmatrix} & & & \Big| & & & \\ & & & \Big| & & & \\ & & & \Big| & & & \\ \ldots & \ldots & \ldots & \ldots \Big| \ldots & \ldots & \ldots & \ldots \end{pmatrix} \qquad \begin{aligned} x_1 &= \\ x_2 &= \\ x_2 &= \\ x_3 &= \end{aligned}$$

---------------------------------- ▷   24

37

Es gibt viele Möglichkeiten. Eine davon wäre

$$\begin{vmatrix} 1 & 1 & 0 & 3 \\ 1 & 2 & -1 & 5 \\ 0 & 1 & 0 & 1 \\ 3 & 5 & -2 & 12 \end{vmatrix} \begin{array}{l} \\ \textit{Subtraktion von Zeile 1} \\ \\ \textit{Subtraktion von } 3 \times \textit{Zeile 1} \end{array} = \begin{vmatrix} 1 & 1 & 0 & 3 \\ 0 & 1 & -1 & 2 \\ 0 & 1 & 0 & 1 \\ 0 & 2 & -2 & 3 \end{vmatrix}$$

Die Vereinfachung entspricht im übrigen genau den Operationen der Gauß-Jordan Elimination. Jetzt braucht nur noch das algebraische Komplement A_{11} berechnet zu werden.

$\text{Det}A = \ldots\ldots\ldots\ldots$

---------------------------------- ▷   38

10

$$x_1 = \frac{b_1}{a_{11}} - \frac{a_{12}}{a_{11}} \cdot \frac{(b_2\, a_{11} - b_1\, a_{21})}{(a_{11}\, a_{22} - a_{12}\, a_{21})}$$

Dieser Ausdruck läßt sich auf die gleiche Form bringen, wie der für x_2. Dann ergibt sich die vollständige Lösung zu

$$x_1 = \ldots\ldots\ldots\ldots$$

$$x_2 = \frac{a_{11}\, b_2 - a_{21}\, b_1}{a_{11}\, a_{22} - a_{12}\, a_{21}}$$

---------------------------------- ▷ 11

24

$$\begin{pmatrix} 1 & 0 & 0 & 0 \\ 0 & 1 & 0 & 0 \\ 0 & 0 & 1 & 0 \\ 0 & 0 & 0 & 1 \end{pmatrix} \begin{matrix} 4 \\ 6 \\ 1 \\ 2 \end{matrix} \quad \begin{matrix} x_1 = 4 \\ x_2 = 6 \\ x_3 = 1 \\ x_4 = 2 \end{matrix}$$

Bei der Ausführung der Transformationen muß man aufpassen, aber prinzipiell sind sie nicht schwierig. Die Matrixschreibweise und die schrittweise Durchführung der Transformationen anhand der erweiterten Matrix $A|b$ sparen Schreibarbeit und helfen damit, Fehler zu vermeiden.

---------------------------------- ▷ 25

38

$$\mathrm{Det}A = a_{11} \cdot A_{11} = -1$$

Vereinfachen Sie die Determinante derselben Matrix, indem Sie Vielfache einer Spalte zu einer anderen addieren und dann ausrechnen:

$$\begin{vmatrix} 1 & 1 & 0 & 3 \\ 1 & 2 & -1 & 5 \\ 0 & 1 & 0 & 1 \\ 3 & 5 & -2 & 12 \end{vmatrix} = \begin{vmatrix} & & & \\ & & & \\ & & & \\ & & & \end{vmatrix} = \ldots\ldots\ldots\ldots$$

---------------------------------- ▷ 39

11

$$x_1 = \frac{b_1\, a_{22} - b_2\, a_{12}}{a_{11}\, a_{22} - a_{12}\, a_{21}} \qquad\qquad x_2 = \frac{b_2\, a_{11} - b_1\, a_{21}}{a_{11}\, a_{22} - a_{12}\, a_{21}}$$

Nun lösen Sie ein Zahlenbeispiel:

$$x_1 + x_2 = \tfrac{7}{10}$$
$$2x_1 + 5x_2 = 2$$
$$x_1 = \ldots\ldots\ldots$$
$$x_2 = \ldots\ldots\ldots$$

-------------------------------- ▷   12

25

Jetzt folgt eine Aufgabe, wie sie in Anwendungssituationen auftreten kann. Die Zahlenrechnungen können nicht mehr im Kopf durchgeführt werden, es muß ein Taschenrechner benutzt werden. Systematisches Vorgehen hilft, Fehler zu vermeiden, die bei diesen Zahlenrechnungen sehr leicht auftreten können.

$$2,15x_1 + 1,05x_2 + 0,56x_3 = 3,25 \qquad x_1 = \ldots\ldots$$
$$3,80x_1 + 0,95x_2 - 0,98x_3 = -9,50 \qquad x_2 = \ldots\ldots$$
$$4,90x_2 + 2,05x_3 = 0,05 \qquad x_3 = \ldots\ldots$$

Lösung gefunden   -------------------------------- ▷   28

Erläuterung oder Hilfe erwünscht   -------------------------------- ▷   26

39

Eine mögliche Vereinfachung: $\begin{vmatrix} 1 & 1 & 0 & 3 \\ 1 & 2 & -1 & 5 \\ 0 & 1 & 0 & 1 \\ 3 & 5 & -2 & 12 \end{vmatrix} = \begin{vmatrix} 1 & 0 & 0 & 0 \\ 1 & 1 & -1 & 2 \\ 0 & 1 & 0 & 1 \\ 3 & 2 & -2 & 3 \end{vmatrix} = -1$

oder eine andere Vereinfachung: $= \begin{vmatrix} 1 & 1 & 0 & 2 \\ 1 & 2 & -1 & 3 \\ 0 & 1 & 0 & 0 \\ 3 & 5 & -2 & 7 \end{vmatrix} = (-1) \cdot \begin{vmatrix} 1 & 0 & 2 \\ 1 & -1 & 3 \\ 3 & -2 & 7 \end{vmatrix} = -1$

Weitere Übungsaufgaben finden Sie im Lehrbuch, Seite 157. Im Leitprogramm üben wir nicht weiter, hier ist nur eine erste Orientierung beabsichtigt.

-------------------------------- ▷   40

$$\boxed{12}$$

$$x_1 = \frac{1}{2} \qquad\qquad x_2 = \frac{1}{5}$$

Das Zahlenbeispiel machte viel weniger Schreibarbeit als die Ableitung der allgemeinen Lösung. Die allgemeinen Lösungen für Gleichungssysteme mit drei und mehr Variablen sind noch viel schwerfälliger und aufwendiger. Die Durchführung des Lösungsverfahrens ist demgegenüber einfach und folgerichtig. Daher ist das Verständnis der Logik des Lösungsverfahrens so wichtig, nicht die Kenntnis der Lösungsformel. Weitere Übungen sind im Lehrbuch auf Seite 157 zu finden.

-------------------------------- ▷ 13

$$\boxed{26}$$

Schwierigkeiten macht bei dieser Aufgabe vor allem die Schreib- und Rechenarbeit. Das Lösungsverfahren ist bekannt. Zur Kontrolle ist das Gleichungssystem nach Elimination der Variablen x_1 in der ersten Spalte dargestellt. Natürlich in Matrix-Schreibweise. Die Rechnungen sind mit einen Taschenrechner durchgeführt. Bei Schwierigkeiten studieren Sie im Lehrbuch noch einmal die Abschnitt 20.1.2 und 20.1.3 und rechnen Sie die Aufgabe anhand des Lehrbuchs.

$$\begin{pmatrix} 1 & 0{,}488372 & 0{,}260465 & 1{,}511628 \\ 0 & 0{,}905814 & 1{,}969767 & 15{,}244185 \\ 0 & 4{,}90 & 2{,}05 & 0{,}05 \end{pmatrix}$$

Lösung gefunden -------------------------------- ▷ 28

Erläuterung oder Hilfe erwünscht -------------------------------- ▷ 27

$$\boxed{40}$$

Rang einer Determinanten und einer Matrix

Anwendungsbeispiele

Cramer'sche Regel

Der Rang einer Matrix und ihrer Determinanten bestimmt die Struktur der Lösungen eines linearen Gleichungungssystems. Rechnen sie die ausführlichen Beispiele im Lehrbuch mit und, besser noch, versuchen Sie, die Beispiele zunächst selbständig zu lösen.

STUDIEREN SIE im Lehrbuch   20.2.3   Rang einer Determinanten und einer Matrix
                             20.2.4   Anwendungsbeispiele
                             20.2.5   Cramersche Regel
                                      Lehrbuch Seite 153 - 156

BEARBEITEN SIE DANACH Lehrschritt -------------------------------- ▷ 41

13

Matrixschreibweise linearer Gleichungssysteme und Bestimmung der inversen Matrix

Die Lösung linearer Gleichungssysteme wird durch die Matrixschreibweise erleichtert. Das wird für die Gauß-Jordan Elimination gezeigt. Die inverse Matrix, die im vorhergehenden Kapitel bereits erwähnt wurde, kann mit Hilfe der Gauß-Jordan Elimination berechnet werden.

STUDIEREN SIE im Lehrbuch   20.1.3 Matrixschreibweise linearer Gleichungssysteme
und Bestimmung der inversen Matrix
Lehrbuch, Seite 139 - 142

BEARBEITEN SIE DANACH Lehrschritt   ------------------------------- ▷ 14

27

Hier ist – wieder in Matrix-Schreibweise – der Stand der Rechnung nach der Elimination der Variablen x_2 in der zweiten Spalte notiert. Aufgrund von Abrundungen können bei Ihren Rechnungen Abweichungen in der letzten angegebenen Ziffer auftreten.

$$\begin{pmatrix} 1 & 0 & -0{,}801540 & | & 6{,}707317 \\ 0 & 1 & 2{,}174583 & | & 16{,}829267 \\ 0 & 0 & 8{,}605456 & | & 82{,}413409 \end{pmatrix}$$

-------- ▷ 28

41

Beim Studium des Lehrbuchs haben Sie Beispiele ausführlich durchgerechnet. Weitere Beispielaufgaben finden Sie in der letzten Übungsaufgabe im Lehrbuch Seite 157. Üben Sie nach Ihrem Bedarf. Die Cramersche Regel ist vor allem theoretisch interessant. Für praktische Anwendungen empfiehlt es sich immer, die Gauß-Elimination oder die Gauß-Jordan Elimination durchzuführen. Dabei ergibt sich im übrigen der Rang der Koeffizientenmatrix automatisch.

Aus diesem Grund werden wir hier keine weiteren Beispiele zur Cramerschen Regel rechnen.

------------------------------- ▷ 42

14

Gegeben sei ein System linearer Gleichungen $A\,x = b$

$$x_1 + x_2 + 0 + 3x_4 = 16$$
$$x_1 + 2x_2 - x_3 + 5x_4 = 25$$
$$0 + x_2 + 0 + x_4 = 8$$
$$3x_1 + 5x_2 - 2x_3 + 12x_4 = 64$$

Die erweiterte Matrix A|E ist eine ... × ... Matrix.

$$A|E = \begin{pmatrix} & & \Big| & \\ & & \Big| & \\ & & \Big| & \end{pmatrix}$$

Nun geht es weiter mit den Lehrschritten auf der **Mitte der Seiten**.
Sie finden Lehrschritt 15 unterhalb Lehrschritt 1.
BLÄTTERN SIE ZURÜCK   -------------------- ▷ 15

28

Lösung in Matrix-Schreibweise:

$$\begin{pmatrix} 1 & 0 & 0 & \Big| & 0{,}968940 \\ 0 & 1 & 0 & \Big| & -3{,}996449 \\ 0 & 0 & 1 & \Big| & 9{,}576879 \end{pmatrix} \qquad \begin{aligned} x_1 &= 0{,}969 \\ x_2 &= -3{,}996 \\ x_3 &= 9{,}577 \end{aligned}$$

Im Ergebnis sind die Zahlen gerundet. Ergebnisse sollten immer mit der Genauigkeit angegeben werden, die durch die zugrundeliegenden Daten begrenzt sind.

Nun geht es weiter mit den Lehrschritten **unten auf den Seiten**.
Sie finden Lehrschritt 29 unterhalb der Lehrschritte 1 und 15.
BLÄTTERN SIE ZURÜCK   -------------------- ▷ 29

42

Sie haben das  des Kapitels erreicht!!

0

Kapitel 21

Eigenwerte und Eigenvektoren

1

Eigenwerte und Eigenvektoren

Eigenwerte und Eigenvektoren werden sowohl in der Technik wie in der Physik benutzt. In diesem Kapitel wird eine kurze Einführung in die Grundgedanken gegeben. Voraussetzung ist, daß Sie die Kapitel 19 „Koordinatentransformationen und Matrizen" und 20 „Lineare Gleichungssysteme und Determinanten" studiert haben. Denken Sie daran, die Beispiele im Lehrbuch auf einem Zettel mitzurechnen. Nur wenn man selbst etwas ausführen und reproduzieren kann, hat man es im Kopf.

STUDIEREN SIE im Lehrbuch   21.1 Eigenwerte von 2×2 Matrizen

                                   21.2 Bestimmung von Eigenwerten

                                   Lehrbuch, Seite 159 - 164

BEARBEITEN SIE danach Lehrschritt   -------------------------------- ▷   2

18

$$\vec{r}_{21} = \begin{pmatrix} 1 \\ 2 \end{pmatrix} \qquad \vec{r}_{22} = \begin{pmatrix} 2 \\ 4 \end{pmatrix} \qquad \vec{r}_{23} = a \cdot \begin{pmatrix} 1 \\ 2 \end{pmatrix}$$

Hinweis: Es sind beliebig viele gleichwertige Eigenvektoren zu r_{21} möglich.

Verifizieren Sie nun auch hier numerisch, daß $\vec{r}_{21} = \begin{pmatrix} 1 \\ 2 \end{pmatrix}$ ein Eigenvektor ist für λ_2 .

Gilt $(A - \lambda_2 E) \cdot \vec{r}_{21} = 0$?   ☐ Ja   ☐ Nein

Verifizieren Sie numerisch, daß $\vec{r}_2 = \begin{pmatrix} 2 \\ 1 \end{pmatrix}$ *kein* Eigenvektor ist für $\lambda_1 = 1$.

Gilt $(A - \lambda_1 E) \cdot \vec{r}_2 = 0$?   ☐ Ja   ☐ Nein

-------------------------------- ▷   19

35

$$\begin{pmatrix} -1 & -1 & 2 \\ -1 & -1 & -2 \\ 2 & -2 & -2 \end{pmatrix} \begin{pmatrix} 1 \\ 1 \\ 0 \end{pmatrix} = \begin{pmatrix} -2 \\ -2 \\ 0 \end{pmatrix} = (-2) \begin{pmatrix} 1 \\ 1 \\ 0 \end{pmatrix}$$

Geben Sie die charakteristische Gleichung für

$$A = \begin{pmatrix} -1 & -1 & 2 \\ -1 & -1 & -2 \\ 2 & -2 & -2 \end{pmatrix}$$

Nehmen Sie im Zweifel das Lehrbuch, Seite 164, zu Hilfe.

-------------------------------- ▷   36

2

Gegeben seien eine quadratische Matrix A und ein Vektor $\vec{r}$.

Das Produkt $A \cdot \vec{r}$ ergebe einen neuen Vektor $\vec{r}'$ gemäß

$$\vec{r}' = A \cdot \vec{r} = \lambda \cdot \vec{r}$$

Dann ist $\vec{r}$ ein .... von A und λ ist ein ....

Voraussetzung ist $\lambda \neq$ .... und $\vec{r} \neq$ ....

-------------------------------- ▷   3

19

JA $(A - \lambda_2 E) \cdot \vec{r}_{21} = 0$

NEIN $(A - \lambda_1 E) \cdot \vec{r}_2 = \begin{pmatrix} 4 \\ 8 \end{pmatrix} \neq 0$

Zeichnen Sie die beiden Eigenvektoren $\vec{r}_1$ und $\vec{r}_2$

ein für $A = \begin{pmatrix} 2 & 2 \\ 2 & 5 \end{pmatrix}$ und

$$\vec{r}_1 = \begin{pmatrix} 1 \\ -\frac{1}{2} \end{pmatrix} \quad \vec{r}_2 = \begin{pmatrix} 1 \\ 2 \end{pmatrix}$$

-------------------------------- ▷   20

36

Charakteristische Gleichung für A: $\lambda^3 + 4\lambda^2 - 4\lambda - 16 = 0$

Da wir einen Eigenwert bereits kennen, können wir einen Linearfaktor herausziehen und die charakteristische Gleichung wie folgt schreiben:

$$\lambda^3 + 4\lambda^2 - 4\lambda - 16 = (\lambda - \lambda_1)(...............)$$

$$\lambda^3 + 4\lambda^2 - 4\lambda - 16 = (\lambda + 2) (...............)$$

Hinweis: Lösen Sie den Ausdruck

$$\frac{\lambda^3 + 4\lambda^2 - 4\lambda - 16}{\lambda + 2} = ...$$

-------------------------------- ▷   37

3

Eigenvektor   Eigenwert $\lambda \neq 0$ $\vec{r} \neq 0$

....

Gegeben sei die Matrix $A = \begin{pmatrix} a_{11} & a_{12} \\ a_{21} & a_{22} \end{pmatrix}$

Die folgende Gleichung hat einen Namen:

  $\det (A - \lambda \cdot E) = 0$

  Die Gleichung heißt . . . .

  E ist die . . . .

Die Gleichung lautet ausführlich geschrieben

  $\det \begin{pmatrix} & & \\ \ldots & \ldots & \ldots \end{pmatrix} = 0$ - - - - - - - - - - - - - - - - ▷   4

20

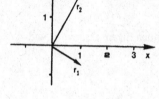

Zeigen Sie, daß $\vec{r}_1$ und $\vec{r}_2$ rechtwinklig auf- einander stehen

$$\vec{r}_1 = \begin{pmatrix} 1 \\ -\frac{1}{2} \end{pmatrix} \qquad \vec{r}_2 = \begin{pmatrix} 1 \\ 2 \end{pmatrix}$$

Hilfe   - - - - - - - - - - - - - - - - ▷   21

Beweis gefunden   - - - - - - - - - - - - - - - - ▷   22

37

$$\lambda^3 + 4\lambda^2 - 4\lambda - 16 = (\lambda + 2)(\lambda^2 + 2\lambda - 8)$$

Hinweis: $\dfrac{\lambda^3 + 4\lambda^2 - 4\lambda - 16}{\lambda + 2} = \lambda^2 + 2\lambda - 8$

Verifizieren Sie im Zweifel.

Lösen Sie die quadratische Gleichung und bestimmen Sie die Eigenwerte λ_2 und λ_3

  $\lambda_2 = \ldots$

  $\lambda_3 = \ldots$

- - - - - - - - - - - - - - - - ▷   38

4

Charakteristische Gleichung,   Einheitsmatrix $\det \begin{pmatrix} a_{11} - \lambda & a_{12} \\ a_{21} & a_{22} - \lambda \end{pmatrix} = 0$

Gegeben sei die Matrix $A = \begin{pmatrix} 2 & 2 \\ 2 & 5 \end{pmatrix}$

Gesucht seien die Eigenwerte von A. Wir gehen schrittweise vor. Geben Sie zunächst an

Charakteristische Gleichung in Kurzform: . . . .

Charakteristische Gleichung ausführlich notiert   . . . .

-------------------------------------- ▷   5

21

Hier ist ein Hinweis:

Das innere Produkt rechtwinklig aufeinander stehender Vektoren verschwindet. Bilden Sie

$\vec{r}_1 \cdot \vec{r}_2$ für $\vec{r}_1 = \begin{pmatrix} 1 \\ -\frac{1}{2} \end{pmatrix}$ und $\vec{r}_2 = \begin{pmatrix} 1 \\ 2 \end{pmatrix}$

$\vec{r}_1 \cdot \vec{r}_2 = $ . . . .

-------------------------------- ▷   22

38

$\lambda_2 = 2$ $\lambda_3 = -4$

Suchen Sie nun einen Eigenvektor für λ_2

$\vec{r}_2 = \begin{pmatrix} \\ \ldots \end{pmatrix}$

Lösung gefunden   -------------------------------- ▷   42

Erläuterung oder Hilfe erwünscht   -------------------------------- ▷   39

5

$$\det (A - \lambda E) = 0 \qquad\qquad \det \begin{pmatrix} 2 - \lambda & 2 \\ 2 & 5 - \lambda \end{pmatrix} = 0$$

....

Bestimmen Sie jetzt die Eigenwerte

$$\lambda_1 = \,\ldots\ldots\ldots\ldots$$

$$\lambda_2 = \,\ldots\ldots\ldots\ldots$$

Lösung   --- ▷   7

Erläuterung oder Hilfe   --- ▷   6

22

$\vec{r}_1 \cdot \vec{r}_2 = 0$ Das innere Produkt der Vektoren $\vec{r}_1 = \begin{pmatrix} 1 \\ -\frac{1}{2} \end{pmatrix}$ und $\vec{r}_2 = \begin{pmatrix} 1 \\ 2 \end{pmatrix}$ verschwindet.

Also stehen die Vektoren rechtwinklig aufeinander.

Mit anderen – gelehrten – Worten, sie sind $\ldots\ldots\ldots\ldots$

--- ▷   23

39

Ein Eigenvektor für die gegebene Matrix $A = \begin{pmatrix} -1 & -1 & 2 \\ -1 & -1 & -2 \\ 2 & -2 & -2 \end{pmatrix}$ und den Eigenwert $\lambda_2 = 2$

erfüllt die Gleichung: $(A - \lambda_2 E) \cdot \vec{r}_2 = 0$. Also $(A - 2E) \cdot \vec{r}_2 = 0$

Das entspricht dem Gleichungssystem

$$\ldots\ldots\ldots\ldots\ldots = 0$$

$$\ldots\ldots\ldots\ldots\ldots = 0$$

$$\ldots\ldots\ldots\ldots\ldots = 0$$

--- ▷   40

Die Eigenwerte sind die Lösungen der charakteristischen Gleichung

$$\det \begin{pmatrix} 2-\lambda & 2 \\ 2 & 5-\lambda \end{pmatrix} = 0$$

Die Determinante ist in diesem Fall

$$(2-\lambda) \cdot (5-\lambda) - 2 \cdot 2 = 0$$

Ausmultipliziert:

$$\lambda^2 - 7\lambda + 6 = 0$$

Das ergibt

$$\lambda_1 = \dots\dots\dots\dots$$

$$\lambda_2 = \dots\dots\dots\dots$$

---------------------------------- ▷ 7

orthogonal

Sie wissen doch, auch die Fachsprache muß man lernen und üben.

---------------------------------- ▷ 24

$$-3x_2 - y_2 + 2z_2 = 0$$
$$- x_2 - 3y_2 - 2z_2 = 0$$
$$2x_2 - 2y_2 - 4z_2 = 0$$

Addiert man die beiden oberen Gleichungen erhält man

$$x_2 = \dots$$

Mit diesem Resultat folgt aus der unteren Gleichung

$$z_2 = \dots$$

---------------------------------- ▷ 41

7

$$\lambda_1 = 1 \qquad\qquad\qquad \lambda_2 = 6$$

Nachdem wir die Eigenwerte für A gefunden haben, suchen wir noch die Eigenvektoren. Die Eigenvektoren müssen genügen der folgenden Gleichung . . . .

---------------------------------- ▷   8

24

Eigenwerte und Eigenvektoren einer 3×3-Matrix
Eigenschaften von Eigenwerten und Eigenvektoren

STUDIEREN SIE im Lehrbuch   21.3 Eigenwerte und Eigenvektoren einer 3×3-Matrix
                                 21.4 Eigenschaften von Eigenwerten und Eigenvektoren
                                        Lehrbuch, Seite 165 - 168

BEARBEITEN SIE DANACH Lehrschritt   ---------------------------------- ▷   25

41

$$x_2 = -y_2 \quad z_2 = x_2 \ \text{ oder } \ z_2 = -y_2$$

Einen Eigenvektor erhalten wir, wenn wir wählen $x_2 = 1$

$$\vec{r}_2 = \begin{pmatrix} \ldots \end{pmatrix}$$

---------------------------------- ▷   42

8

$A\vec{r} = \lambda \cdot \vec{r}$ oder $(A - \lambda E) \cdot \vec{r} = 0$

Die erste Gleichung bedeutet: Wird der Vektor $\vec{r}$ mit A multipliziert, ändert er seine Richtung nicht. Er ändert nur seinen Betrag um den Faktor λ. Die zweite Gleichung ergibt sich durch Umformung.

Gegeben war $A = \begin{pmatrix} 2 & 2 \\ 2 & 5 \end{pmatrix}$ und $\lambda_1 = 1$, $\lambda_2 = 6$

Gesucht sind die Eigenvektoren für λ_1 und λ_2. Beginnen wir mit λ_1 und dem

Eigenvektor $\vec{r}_1 = \begin{pmatrix} x_1 \\ y_1 \end{pmatrix}$.

Für $\vec{r}_1$ gilt folgende Matrixgleichung: .... $= 0$

------------------------------- ▷   9

25

Gegeben sei die Matrix $A = \begin{pmatrix} -1 & -1 & 2 \\ -1 & -1 & -2 \\ 2 & -2 & -2 \end{pmatrix}$

Die Matrix hat ... Eigenvektoren.

Die Matrix ist ....

Über die Richtungen der Eigenvektoren läßt sich sagen: Die Eigenvektoren sind ....

------------------------------- ▷   26

42

$\vec{r}_2 = \begin{pmatrix} 1 \\ -1 \\ 1 \end{pmatrix}$ Hinweis: Jeder Vektor $\vec{r}_2 = a \begin{pmatrix} 1 \\ -1 \\ 1 \end{pmatrix}$ ist ein Eigenvektor.

Für die Matrix $A = \begin{pmatrix} -1 & -1 & 2 \\ -1 & -1 & -2 \\ 2 & -2 & -2 \end{pmatrix}$ kennen wir bereits die

Eigenwerte: $\lambda_1 = -2$, $\lambda_2 = 2$, $\lambda_3 = -4$ und die Eigenvektoren $\vec{r}_1 = \begin{pmatrix} 1 \\ 1 \\ 0 \end{pmatrix}$ $\vec{r}_2 = \begin{pmatrix} 1 \\ -1 \\ 1 \end{pmatrix}$

Wir können nun $\vec{r}_3$ in gleicher Weise bestimmen.

Einfacher geht es, wenn wir den Satz auf Seite 168 im Lehrbuch beachten: Eine symmetrische Matrix hat Eigenvektoren, die .... sind. ------------------------- ▷   43

9

$$(A - \lambda_1 E) \cdot \vec{r}_1 = \begin{pmatrix} 2-1 & 2 \\ 2 & 5-1 \end{pmatrix} \cdot \begin{pmatrix} x_1 \\ y_1 \end{pmatrix} = 0$$

Dieser Ausdruck entspricht zwei Gleichungen mit zwei Unbekannten:

$$\dots\dots\dots\dots = 0$$

$$\dots\dots\dots\dots = 0$$

Es handelt sich um ein $\dots\dots\dots\dots$ Gleichungssystem.

Hinweis: Multiplizieren Sie die Matrix A mit dem Vektor $r_1 = \begin{pmatrix} x_1 \\ y_1 \end{pmatrix}$ aus.

-------------------------------- ▷ 10

26

Drei Eigenvektoren

Die Matrix ist symmetrisch.

Bei symmetrischen Matrizen sind die Eigenvektoren orthogonal.

Gegeben sei wieder $A = \begin{pmatrix} -1 & -1 & 2 \\ -1 & -1 & -2 \\ 2 & -2 & -2 \end{pmatrix}$

Verifizieren Sie, daß $\lambda_1 = -2$ ein Eigenwert ist.

Bestimmen Sie einen Eigenvektor $\vec{r}_1$: $\vec{r}_1 = \begin{pmatrix} \\ \dots \end{pmatrix}$

Lösung -------------------------------- ▷ 33
Erläuterung oder Hilfe -------------------------------- ▷ 27

43

orthogonal

Die Matrix $A = \begin{pmatrix} -1 & -1 & 2 \\ -1 & -1 & -2 \\ 2 & -2 & -2 \end{pmatrix}$ ist symmetrisch.

Also ist $\vec{r}_3$ orthogonal zu $\vec{r}_1 = \begin{pmatrix} 1 \\ 1 \\ 0 \end{pmatrix}$ und $\vec{r}_2 = \begin{pmatrix} 1 \\ -1 \\ 1 \end{pmatrix}$

Wir erinnern uns, daß das Vektorprodukt $\vec{r}_1 \times \vec{r}_2$ ein Vektor ist, der orthogonal zu $\vec{r}_1$ und $\vec{r}_2$ ist. Damit erhalten wir einen dritten Eigenvektor in dem wir das Vektorprodukt bilden:

$$\vec{r}_1 \times \vec{r}_2 = \dots\dots\dots\dots$$

-------------------------------- ▷ 44

10

$$x_1 + 2y_1 = 0$$
$$2x_1 + 4y_1 = 0$$

homogenes Gleichungssystem

Eine nichttriviale Lösung existiert, falls eine Gleichung oben von der anderen linear abhängt. Die Lösung führt dann zu den Komponenten des Eigenvektors $\vec{r}_1$.

$$\vec{r}_1 = \begin{pmatrix} \\ \dots \end{pmatrix}$$

Lösung gefunden   --------------------------------- ▷ 12

Erläuterung oder Hilfe erwünscht   --------------------------------- ▷ 11

27

Um zu verifizieren, daß $\lambda_1 = -2$ ein Eigenwert ist, muß gelten:

$$\det (A - \lambda_1 E) = 0$$

$$A = \begin{pmatrix} -1 & -1 & 2 \\ -1 & -1 & -2 \\ 2 & -2 & -2 \end{pmatrix}$$

Berechnen Sie nun

$$\det (A - \lambda_1 E) = \dots\dots$$

Lösung   --------------------------------- ▷ 29

Erläuterung oder Hilfe   --------------------------------- ▷ 28

44

$$\vec{r}_3 = \begin{pmatrix} 1 \\ -1 \\ -2 \end{pmatrix} \quad \text{oder} \quad \vec{r}_3 = \begin{pmatrix} -1 \\ 1 \\ 2 \end{pmatrix} \quad \text{oder} \quad \vec{r}_3 = a \begin{pmatrix} 1 \\ -1 \\ -2 \end{pmatrix}$$

a) Wieviele reelle Eigenwerte kann eine $n \times n$-Matrix haben? ...

b) Gibt es Matrizen, die keine reellen Eigenwerte haben? ....

    Könnten Sie dafür gegebenenfalls ein Beispiel nennen? ....

                                 --------------------------------- ▷ 45

11

Gegeben ist $x_1 + 2y_1 = 0$

$\qquad\qquad\quad 2x_1 + 4y_1 = 0$

Die zweite Gleichung ist das Doppelte der ersten. Also sind beide Gleichungen linear abhängig.

Zunächst gilt $\qquad\qquad x_1 = -2y_1$

Es gilt aber auch $\qquad\quad ax_1 = -a2y_1$

x_1 ist also frei wählbar. Wir wählen $x_1 = 1$. Daraus folgt $y_1 = -\frac{1}{2}$

Damit erhalten wir $\vec{r}_1 = \begin{pmatrix} \dots \end{pmatrix}$

------------------------------------ ▷ 12

28

Zu berechnen ist

$$\det\,(A - \lambda_1 E) = \det \begin{pmatrix} -1-(-2) & -1 & 2 \\ -1 & -1-(-2) & -2 \\ 2 & -2 & -2-(-2) \end{pmatrix}$$

$$= \det \begin{pmatrix} 1 & -1 & 2 \\ -1 & 1 & -2 \\ 2 & -2 & 0 \end{pmatrix}$$

Mit den bekannten Rechenvorschriften, beispielsweise der Regel von Sarrus, erhalten wir:

$$\det\,(A - \lambda_1 E) = \dots$$

------------------------------------ ▷ 29

45

a) n

b) Ja

Ein Beispiel sind Drehmatrizen. Dargestellt sind sie im Abschnitt 19.4.

Bisher haben wir als Beispiele nur symmetrische Matrizen behandelt. Betrachten Sie nun

$$A = \begin{pmatrix} 1 & 2 \\ 3 & 0 \end{pmatrix}$$

Bestimmen Sie Eigenwerte und Eigenvektoren

$\lambda_1 = \dots \qquad \lambda_2 = \dots \qquad \vec{r}_1 = \dots \qquad \vec{r}_2 = \dots$

Lösung gefunden ------------------------------------ ▷ 47

Erläuterung oder Hilfe erwünscht ------------------------------------ ▷ 46

12

$\vec{r}_1 = \begin{pmatrix} 1 \\ -\frac{1}{2} \end{pmatrix}$ Hinweis: Hätten wir $x_1 = 2$ gewählt, hätten wir erhalten: $\vec{r}_{12} = \begin{pmatrix} 2 \\ -1 \end{pmatrix}$

Allgemein gilt $\vec{r}_{13} = a \begin{pmatrix} 2 \\ -1 \end{pmatrix}$

Zeichnen Sie $\vec{r}_1$, $\vec{r}_{12}$ und $\vec{r}_{13}$ mit $a = -1$.

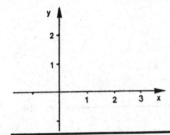

▷ 13

29

$\det (A - \lambda_1 E) = 0$

Damit ist der erste Teil der Aufgabe gelöst, $\lambda_1 = -2$ ist ein Eigenwert.

Zu bestimmen ist noch ein Eigenvektor für $\lambda_1 = -2$. Dafür müssen Sie ein Gleichungs-system lösen.

$$\vec{r}_1 = \begin{pmatrix} \\ \cdots \end{pmatrix}$$

Lösung   ▷ 33

Hilfe und weitere Erläuterung   ▷ 30

46

Die Lösung folgt genau den bisher demonstrierten Beispielen. Lösen Sie das Beispiel entweder anhand des Lehrbuches, Abschnitt 21.1 oder anhand der Beispiele und Erläuterungen im Leitprogramm ab Lehrschritt 4 und ab Lehrschritt 26.

$$A = \begin{pmatrix} 1 & 2 \\ 3 & 0 \end{pmatrix}$$

$\lambda_1 = \ldots$ $\lambda_2 = \ldots$ $\vec{r}_1 = \ldots$ $\vec{r}_2 = \ldots$

▷ 47

13

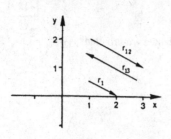

Hinweis: Die Vektoren können an beliebigen Stellen gezeichnet werden. Die Wirkungslinie aller Vektoren hat die gleiche Richtung. Die Eigenvektoren sind also durch die Richtung der Wirkungslinie bestimmt. Frei und unbestimmt ist der Betrag einschließlich des Vorzeichens.

Verifizieren Sie numerisch, daß gilt

$$A\vec{r}_1 = \lambda_1 \vec{r}_1 \quad \text{für} \quad A = \begin{pmatrix} 2 & 2 \\ 2 & 5 \end{pmatrix} \quad \text{und} \quad \lambda_1 = 1 \quad \text{und} \quad \vec{r}_1 = \begin{pmatrix} 2 \\ -1 \end{pmatrix}$$

. . . . ------------------------------------ ▷   14

30

Als Matrixgleichung gilt für Eigenvektoren

$$A\vec{r}_1 = \lambda \cdot \vec{r}_1 \quad \text{mit} \quad \lambda_1 = -2: \quad A\vec{r}_1 = -2\vec{r}_1$$

Umformung

$$(A - \lambda_1 E) \cdot \vec{r}_1 = 0 \quad \text{mit} \quad \lambda_1 = -2 \quad \text{erhalten wir}$$

$$(A + 2E) \cdot \vec{r}_1 = 0$$

Schreiben Sie nun das vollständige Gleichungssystem mit $\vec{r}_1 = \begin{pmatrix} x_1 \\ y_1 \\ z_1 \end{pmatrix}$

. . . . = 0

. . . . = 0

. . . . = 0   ------------------------------------ ▷   31

47

$\lambda_1 = 3$ $\qquad$ $\lambda_2 = -2$ $\qquad$ Hinweis: Charakteristische Gleichung $\lambda^2 - \lambda - 6 = 0$

$$\vec{r}_1 = \begin{pmatrix} 1 \\ 1 \end{pmatrix}, \qquad \vec{r}_2 = \begin{pmatrix} 2 \\ -3 \end{pmatrix}$$

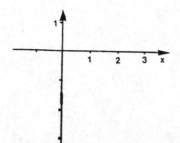

a) Zeichnen Sie $\vec{r}_1$ und $\vec{r}_2$ in das Diagramm

b) Sind $\vec{r}_1$ und $\vec{r}_2$ orthogonal? ☐ ja ☐ nein

c) Prüfen Sie rechnerisch die Orthogonalität von $\vec{r}_1$ und $\vec{r}_2$.

------------------------------------ ▷   48

$$\begin{pmatrix} 2 & 2 \\ 2 & 5 \end{pmatrix} \begin{pmatrix} 2 \\ -1 \end{pmatrix} = \begin{pmatrix} 4-2 \\ 4-5 \end{pmatrix} = \begin{pmatrix} 2 \\ -1 \end{pmatrix}$$

Der zweite Eigenwert für $A = \begin{pmatrix} 2 & 2 \\ 2 & 5 \end{pmatrix}$ war $\lambda_2 = 6$.

Bestimmen Sie nun analog drei gleichwertige Eigenvektoren:

$r_{21} =$ .... $r_{22} =$ .... $r_{23} =$ ....

Erläuterung oder Hilfe erwünscht   - - - - - - - - - - - - - - - - - - ▷ 15

Lösung*   - ▷ *18

* Die Lehrschritte ab 18 befinden sich **auf der Mitte** der Seiten.

Sie finden Lehrschritt 18 unterhalb Lehrschritt 1.

BLÄTTERN SIE ZURÜCK

$$x_1 - y_1 + 2z_1 = 0$$
$$-x_1 + y_1 - 2z_1 = 0$$
$$2x_1 - 2y_1 = 0$$

Die ersten beiden Gleichungen sind linear abhängig. Wird nämlich die zweite Gleichung mit (-1) multipliziert, erhalten wir die erste. Nun ist es möglich, aus der dritten und der ersten Gleichung eine Lösung für einen Eigenwert zu ermitteln.

$x_1 =$ ....

$z_1 =$ ....

- ▷ 32

a)
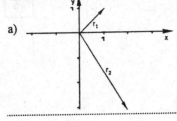

b) nein

c) $\vec{r}_1 \cdot \vec{r}_2 = (1, 1)(2, -3) = -1 \neq 0$

Hinweis: Das Skalarprodukt orthogonaler Vektoren muß verschwinden. Hier ist das nicht der Fall.

Gegeben seien die Matrix $A = \begin{pmatrix} 0 & 1 \\ -1 & 0 \end{pmatrix}$ und der

Vektor $\vec{r}_0 = \begin{pmatrix} 2 \\ 0 \end{pmatrix}$

Zeichnen Sie den Vektor $A \cdot \vec{r}_0 = \vec{r}_1$

- ▷ 49

Für $\lambda_2 = 6$ gilt $A\vec{r}_2 = 6\vec{r}_2$ oder $(A - 6E)\vec{r}_2 = 0$

Also gilt $\quad \begin{pmatrix} 2 & 2 \\ 2 & 5 \end{pmatrix} \begin{pmatrix} x_2 \\ y_2 \end{pmatrix} = 6 \begin{pmatrix} x_2 \\ y_2 \end{pmatrix}$ oder

$$\begin{pmatrix} 2-6 & 2 \\ 2 & 5-6 \end{pmatrix} \begin{pmatrix} x_2 \\ y_2 \end{pmatrix} = 0 \quad \text{oder} \quad \begin{pmatrix} -4 & 2 \\ 2 & -1 \end{pmatrix} \begin{pmatrix} x_2 \\ y_2 \end{pmatrix} = 0$$

Das ergibt folgende Gleichungen

$$\dots\dots\dots\dots\dots\dots\dots\dots\dots = 0$$

$$\dots\dots\dots\dots\dots\dots\dots\dots\dots = 0$$

------------------------------------ ▷ 16

$x_1 = y_1$

$z_1 = 0$

Wählen wir $x_1 = 1$ erhalten wir:

$$\vec{r}_1 = \begin{pmatrix} \\ \dots \end{pmatrix}$$

------------------------------------ ▷ 33

Ist die Matrix $A = \begin{pmatrix} 0 & 1 \\ -1 & 0 \end{pmatrix}$ symmetrisch? ☐ Ja ☐ Nein

Gegeben sei $\vec{r}_0 = \begin{pmatrix} 1 \\ 1 \end{pmatrix}$.

Zeichnen Sie den Vektor $\vec{r} = A \cdot \vec{r}_0$

Die Matrix A bewirkt eine .... --------- ▷ 50

16

$$-4x_2 + 2y_2 = 0$$
$$2x_2 - y_2 = 0$$

Sind die Gleichungen linear abhängig? Geben Sie eine Lösung an

$$x_2 = \ldots\ldots\ldots\ldots$$

Geben Sie einen Eigenvektor an $\vec{r}_{21} = \begin{pmatrix} \ldots \end{pmatrix}$

------------------------------------ ▷ 17

33

$\vec{r}_1 = \begin{pmatrix} 1 \\ 1 \\ 0 \end{pmatrix}$ Hinweis: Alle Vektoren der Form $\vec{r}_1 = a \begin{pmatrix} 1 \\ 1 \\ 0 \end{pmatrix}$ sind Eigenvektoren.

Die Lösung des homogenen Gleichungssystems führte auf

$$x_1 = y_1 \quad \text{und} \quad z_1 = 0$$

Die Musterlösung oben galt für $x_1 = 1$. Wir könnten auch wählen $x_1 = 0{,}001$. Dann erhielten wir den Eigenvektor

$$\vec{r}_{11} = \begin{pmatrix} \ldots \end{pmatrix}$$

------------------------------------ ▷ 34

50

Nein

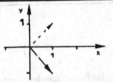

Die Matrix $A = \begin{pmatrix} 0 & 1 \\ -1 & 0 \end{pmatrix}$ bewirkt eine Drehung um den Winkel $-\frac{\pi}{2}$.

Hat A reelle Eigenwerte? .... ☐ Ja   ☐ Nein

Können Sie Ihre Antwort beweisen?

------------------------------------ ▷ 51

17

Ja

$$x_2 = \tfrac{1}{2} y_2 \quad \text{oder} \quad 2x_2 = y_2$$

$$\vec{r}_{21} = \begin{pmatrix} 1 \\ 2 \end{pmatrix}$$

Geben Sie insgesamt drei gleichwertigen Eigenvektoren zu $\vec{r}_{21}$ an

$$\vec{r}_{21} = \begin{pmatrix} 1 \\ 2 \end{pmatrix} \qquad \vec{r}_{22} = \begin{pmatrix} \dots \end{pmatrix} \qquad \vec{r}_{23} = \begin{pmatrix} \dots \end{pmatrix}$$

Lehrschritt 18 befindet sich auf **der Mitte der Seiten**, unterhalb von Lehrschritt 1.

BLÄTTERN SIE ZURÜCK   ------------------------------ ▷ 18

34

$$\vec{r}_{11} = \begin{pmatrix} 0,001 \\ 0,001 \\ 0 \end{pmatrix}$$

Zeigen Sie nun, daß $\vec{r}_1 = \begin{pmatrix} 1 \\ 1 \\ 0 \end{pmatrix}$ in der Tat ein Eigenvektor ist für $A = \begin{pmatrix} -1 & -1 & 2 \\ -1 & -1 & -2 \\ 2 & -2 & -2 \end{pmatrix}$

Es muß gelten für $\lambda_1 = -2$

$$A \cdot \vec{r}_1 = \lambda_1 \vec{r}_1 = -2\vec{r}_1 = \begin{pmatrix} -2 \\ -2 \\ 0 \end{pmatrix} \qquad \dots\dots\dots\dots = \begin{pmatrix} -2 \\ -2 \\ 0 \end{pmatrix}$$

Die Lehrschritte ab 35 finden Sie **unten auf den Seiten**.
Lehrschritt 35 steht unterhalb Lehrschritt 18 und Lehrschritt 1.

BLÄTTERN SIE ZURÜCK   ------------------------------ ▷ 35

51

Nein. $A = \begin{pmatrix} 0 & 1 \\ -1 & 0 \end{pmatrix}$ ist eine Drehmatrix.

Die charakteristische Gleichung ist $\lambda^2 + 1 = 0$. λ ist nicht reell sondern imaginär.

Wenn Sie das Leitprogramm bis hierher durchgearbeitet haben, haben Sie wesentliches erreicht. Sie haben sich ein solides Grundlagenwissen in der anwendungsorientierten Mathematik erarbeitet. Sie haben darüber hinaus gelernt, daß stetige Arbeit zu bemerkenswerten Fortschritten führt. Sie haben erfahren, daß auch weite Wege aus einzelnen Schritten bestehen – und daß jeder Schritt Sie etwas weiter bringt. Sie werden so auch die Aufgaben meistern, die später noch in Ihrem Studium und in Ihrem Beruf auf Sie zukommen werden.

Dafür wünschen Ihnen alle, die an diesem Leitprogramm mitgearbeitet haben,

gutes Gelingen!